W0256594

Die „Wissenschaftlichen Grundfragen" dienen sowohl der philosophischen Forschung wie der wissenschaftlichen Arbeit der Einzeldisziplinen. Das findet seinen Ausdruck schon in den Namen der Mitherausgeber. Die in zwangloser Folge erscheinenden Abhandlungen werden in strenger Wissenschaftlichkeit Fragen erörtern, die die Einzelwissenschaft stellen muß, die sie aber ohne methodische Besinnung auf ihre eigenen Grundlagen, also ohne wissenschaftliche Philosophie, nicht zu lösen vermag; andererseits Fragen, die der philosophischen Forschung aufgegeben sind, wo sie ihrem Begriff gemäß das Verfahren der Einzelwissenschaften untersucht. Zwar erschöpfen sich die Ziele der wissenschaftlichen Philosophie nicht in Analyse und Rechtfertigung der forschenden Wissenschaft, allein sie sind nur in stetem Bezug auf solche Rechtfertigung und Analyse zu ergreifen. In diesem Sinne werden die „Wissenschaftlichen Grundfragen" auch Probleme aus dem Bereich der ethischen, ästhetischen und religiösen Begriffsbildung behandeln.

Die „Wissenschaftlichen Grundfragen" erscheinen in zwangloser Folge. Der Umfang der Einzelabhandlung beträgt höchstens 4—6 Druckbogen. Die Abhandlungen sind einzeln käuflich. Manuskriptsendungen können nur nach Verständigung mit einem der Herausgeber entgegengenommen werden.

R. Hönigswald

WISSENSCHAFTLICHE GRUNDFRAGEN

PHILOSOPHISCHE ABHANDLUNGEN

IN GEMEINSCHAFT MIT

B. BAUCH-JENA (PHILOSOPHIE) · J. BINDER-GÖTTINGEN (RECHTSWISSENSCHAFT)
O. BUMKE-MÜNCHEN (PSYCHIATRIE) · E. CASSIRER-HAMBURG (PHILOSOPHIE)
R. HOLTZMANN-HALLE A. S. (GESCHICHTE) · H. JUNKER-LEIPZIG (SPRACH-
WISSENSCHAFT) · E. KALLIUS-HEIDELBERG (VERGL. ANATOMIE) · A. KNESER-
BRESLAU (MATHEMATIK) · C. SCHAEFER-BRESLAU (PHYSIK)
J. STENZEL-KIEL (PHILOSOPHIE)

HERAUSGEGEBEN VON

R. HÖNIGSWALD

BRESLAU

IX

A. KNESER: DAS PRINZIP DER KLEINSTEN WIRKUNG
VON LEIBNIZ BIS ZUR GEGENWART

1928

Springer Fachmedien Wiesbaden GmbH

DAS PRINZIP DER KLEINSTEN WIRKUNG VON LEIBNIZ BIS ZUR GEGENWART

VON

ADOLF KNESER

1928

Springer Fachmedien Wiesbaden GmbH

ISBN 978-3-663-15601-7   ISBN 978-3-663-16174-5 (eBook)
DOI 10.1007/978-3-663-16174-5

I.

Die Leibnizische Teleologie, die Vorstellung, daß der Weltverlauf ein Maximum des Guten gewähre, hat bei Leibniz selbst, abgesehen von anderen Anwendungen, den bestimmten Sinn, daß die Naturvorgänge aus Integralprinzipien nach der Methode des Größten und Kleinsten abgeleitet werden können. Das bedeutet folgendes. Bei einem beliebig definierten, beliebigen Kräften unterworfenen Massensystem wird jeder in einer kleinen Zeit dt vor sich gehenden Bewegung durch besondere Definition ein Wirkungselement wdt zugeordnet. Betrachtet man nun die Bewegung in einem endlichen Zeitintervall, das durch Summierung der Elemente dt entsteht, so summieren sich die Elemente wdt zu einer Größe

$$A = \int wdt,$$

der Wirkung oder dem Aufwande von Wirkung für das betrachtete Intervall. Und nun besteht das Prinzip darin, daß, wenn man die wirkliche Bewegung mit gewissen fingierten, näher zu definierenden Nachbarbahnen, Nachbarbewegungen vergleicht, die Größe A bei ersterer, verglichen mit ihren Werten A' bei den fingierten Bewegungen, ein Maximum oder Minimum wird; allgemeiner braucht auch nur die Differenz $A' - A$ im Verhältnis zu den Dimensionen der Abweichung der fingierten von der wirklichen Bahn klein zu sein; A braucht nur, wie schon Leibniz sagt, ein ausgezeichneter Wert zu sein. Natürlich sind alle hier ziemlich unbestimmt bezeichneten Größen und Operationen exakt mittels der Begriffe der Infinitesimalrechnung zu definieren.

Bezeichnet man diese Größe A als den Aufwand, der bei der betrachteten Bewegung, der betrachteten Folge von der exakten Physik angehörigen Erscheinungen von der Natur gemacht wird, und liegt ein Minimum vor, so hat man ein Prinzip des kleinsten Aufwandes für die betrachtete Erscheinung; wie gesagt ist aber das Minimum nicht wesentlich.

Die allgemeine Teleologie, auf die Physik meßbarer Vorgänge angewandt, drückt also das Vertrauen aus, daß für jedes einzelne Erscheinungsgebiet ein solches Aufwandsprinzip gefunden werden kann, aus dem sich die wirklich vor sich gehende Bewegung mittels rein mathematischer Methoden erschließen läßt; diese Methoden gehören der Disziplin der Variationsrechnung an, einer Disziplin, deren Wesen schon Leibniz bekannt ist; es handelt sich in ihr um eine besondere Art von Aufgaben des Größten und

Kleinsten, deren einfachsten Typus die Aufgabe zeigt, auf einer beliebigen gekrümmten Fläche zwischen zwei gegebenen Punkten die kürzeste Linie zu ziehen.

Die mathematische Ableitung der wirklichen Vorgänge aus dem Prinzip leistet das, was Leibniz immer wieder verlangt und hervorhebt: das allgemeine Prinzip, die allgemeine Teleologie soll nicht nur die Weisheit Gottes, d. h. eine gewisse durchgängige Übereinstimmung der Erscheinungen zeigen, sondern zur genauen und vollständigen Ableitung der Sonderfälle gut sein. Also, um eine moderne Bezeichnung zu gebrauchen, es handelt sich um ein Prinzip der ausgezeichneten Fälle, um das Prinzip, daß der Fall der Natur gegenüber den möglichen fingierten Vorgängen ein ausgezeichneter ist, der aber den Vorgang vollständig charakterisiert, wenn man nur die nötigen mathematischen Hilfsmittel heranzieht, und das Wesen der Auszeichnung genügend definiert.

Die Weisheit Gottes besteht nun für ein gewisses Gebiet von Erscheinungen oder, wie wir auch sagen können, für gewisse Wissenschaften darin, daß für jedes Erscheinungsgebiet ein im angegebenen Sinne beherrschendes Integralprinzip da ist; alle diese Prinzipien haben nur die angegebene allgemeine Form gemein; die konkrete Form der Größen w und A ist in den verschiedenen Gebieten ganz verschieden, auch nicht ohne weiteres aus beherrschenden allgemeinen Formen durch Spezifikation ableitbar.

Aber auch, wenn wir den Gottesbegriff möglichst eliminieren oder verweltlichen, wie es zweifellos in Leibnizens tiefstem Sinne liegt, bleibt bei der Betrachtung und Darstellung der Natur nach Integralprinzipien ein bemerkenswerter Umstand. Man denke an die einfache Aufgabe der Bewegung eines materiellen Punktes ohne wirkende Kräfte in der Ebene oder auf einer beliebigen gekrümmten Fläche. Die Bahnlinie wird erhalten, wenn man das Prinzip der kleinsten Wirkung — wir brauchen gleich die spätere Bezeichnung — in der von Leibniz geforderten Form ansetzt, daß der Aufwand, dessen Extrem man sucht, das Zeitintegral der lebendigen Kraft ist. Letztere ist konstant nach dem Satze der lebendigen Kraft, der vorausgesetzt werden muß, aber nicht ausreicht, um die Bahnlinie zu bestimmen. Das Wirkungsprinzip fordert, wenn v die Geschwindigkeit ist, das Extrem der Größe

$$A = \int v^2\, dt = v^2 \int dt,$$

also das Extrem der Zeit, mithin auch, wegen der konstanten Geschwindigkeit, das Extrem der Länge; die Bahnlinie ist die kürzeste Linie zwischen ihren Endpunkten, in der Ebene also die Gerade. Hierbei wird die kennzeichnende Eigenschaft der Geraden, daß ihre Krümmung in jedem bestimmten Punkte $= 0$ ist, abgeleitet aus der Betrachtung eines endlichen Bogens und eines endlichen entsprechenden Zeitintervalls, in welchem der bestimmte Punkt mitten inne liegt, das also auch zeitlich nachfolgende Lagen des bewegten Punktes mit enthält. Bei der Ableitung der kennzeichnenden Eigenschaft der Bahnkurve für einen bestimmten Raum-Zeitpunkt, bei der Ableitung der Richtung und Geschwindigkeit in diesem besonderen Punkte wird also die Zukunft, ein nachfolgendes Zeitintervall, im Ansatz und Beweis benutzt, hat also den Charakter des logischen Prius. Dagegen wird das einzelne Naturgesetz etwa bei Newton so formuliert, daß aus gegebenen Zuständen des Massensystems nur der Zustand in einem späteren Zeitpunkte gefolgert wird. Der Planet befindet sich in einer Anfangslage mit einer gewissen Anfangsgeschwindigkeit; seine Lage wird durch das Gravitationsgesetz gegeben für jede spätere Zeit; die Zukunft wird durch Vergangenheit und Gegenwart bestimmt. Bei Verwendung des Integralprinzips wird die Gegenwart durch Vergangenheit und Zukunft bestimmt; hierin liegt das teleologische, eine entfernte Erinnerung an das Handeln mit vorbestimmtem Zweck. Die Krümmung der Bahn zur Zeit t wird, wenn $t_1 < t < t_2$ ist, abgeleitet aus der Betrachtung der Lagen auf der ganzen Zeitstrecke von t_1 bis t_2; diese Lagen sind natürlich unbekannt, aber sie werden bei dem Ausgang vom Integralprinzip hypothetisch benutzt. Aus der Minimums- oder Extremseigenschaft der Aufwandsgröße A auf der Strecke von t_1 bis t_2 folgert man, was man braucht, für den Zeitpunkt t.

Hier sieht man einen logischen Unterschied zwischen Newtons klassischer Methode, der Methode der Effizienten nach Leibniz, bei der man aus der Wirkung der bekannten Kräfte alles ableitet, und der Leibnizischen Methode der Finalen, der Endursachen, wie wir sie definiert haben, der Integralprinzipien.

Ist nun das Aufwandsprinzip, das Prinzip der kleinsten Wirkung in seiner allgemeinsten Form ein allgemeines Naturgesetz? Man möchte es glauben, wenn man[1]) den begeisterten Hymnus von Helmholtz hört: „Alles Geschehen wird dargestellt durch das Hin- und Herfluten des ewig unzerstörbaren und unvermehrbaren Energievorrates der Welt, und die Gesetze dieses Flutens sind vollständig zusammengefaßt in dem Satze der kleinsten Aktion." Der Begriff des Naturgesetzes ist hier doch wohl, wenn wir nach genauer begrifflicher Scheidung streben, zu weit gefaßt. Bei Leibniz ist das Aufwandsprinzip eine Erscheinungsform der göttlichen Weisheit und deshalb zweifellos etwas anderes, Höheres als die einzelnen Naturgesetze. Die wahre Scheidung der Dinge gibt die kritische Philosophie; wir sehen im Prinzip der kleinsten Wirkung eine Maxime der zur Vernunft im Kantischen Sinne gehörigen Urteilskraft, die bestrebt

---

1) **Harnack**, Geschichte der Kgl. Preußischen Akademie der Wissenschaften, Bd. II S. 282.

und geeignet ist, zwischen den verschiedenen Erscheinungsgebieten, in denen der Verstandesgebrauch vorwaltet, eine gewisse systematische Einheit herzustellen. Daß das gelingt, verbürgt das Kantische Prinzip von der formalen Zweckmäßigkeit der Natur in der Kritik der Urteilskraft, das seinerseits wohl mit Recht mit der dritten Idee in der Kritik der reinen Vernunft identifiziert wird.

Wir wenden uns zur Erläuterung und Rechtfertigung dieser Aufstellungen im einzelnen. Wir zitieren dabei

Leibniz, Philosophische Schriften, hrsg. von Gerhardt unter Gerh.,

Leibniz, Mathematische Schriften, hrsg. von Gerhardt unter Math. Schr.,

Leibnitii Opera philosophica ed. Erdmann unter Erdm.; Kant, Kritik der reinen Vernunft unter Kr. d. r. V. nach der Ausgabe des Inselverlags; Kant, Kritik der Urteilskraft unter Kr. d. U., nach der Reclamschen Ausgabe von Kehrbach.

II.

Um Leibnizens Anschauungen im einzelnen zu verfolgen, beginnen wir mit einem Brief an Bayle vom Jahre 1687.[1] Dort heißt es:

„Gott ist der letzte Urgrund der Dinge, und die Kenntnis Gottes ist nicht weniger das Prinzip der Wissenschaften als sein Wesen und sein Wille die Prinzipien der Dinge. Darüber stimmen die vernünftigsten Philosophen überein; aber es gibt nur wenige, die davon Gebrauch machen können, um notwendige Wahrheiten zu entdecken. ... Es heißt die Philosophie heiligen, wenn man die Quellbäche von den Attributen Gottes herleitet. Weit entfernt, die Zweckursachen und die Betrachtung eines mit Weisheit wirkenden Wesens auszuschließen, muß man von da her alles in der Physik ableiten. Das hat Sokrates schon im Phädon in bewundernswerter Weise bemerkt, indem er gegen Anaxagoras und andere allzu materielle Philosophen argumentiert, welche, nachdem sie zuerst ein intelligentes Prinzip über der Materie anerkannt haben, dasselbe nicht anwenden, wenn sie über das Universum philosophieren wollen, und anstatt zu zeigen, daß diese Intelligenz alles aufs beste anstellt und der Vernunftgrund der Dinge ist, welche sie ihren Zwecken gemäß zu erschaffen für gut gefunden hat, alles zu erklären suchen durch den alleinigen Zusammenlauf roher Partikeln; indem sie die Bedingungen und die Werkzeuge mit der wahren Ursache zusammenwerfen. Das ist, sagt Sokrates, wie wenn, um zu ergründen, weshalb ich im Gefängnis sitze und den verhängnisvollen Becher erwarte und nicht auf dem Wege zu den Böotiern oder andern Völkern, wo man

---

1) Erdm., S. 106 Nr. XXIV.

weiß, daß ich mich hätte retten können, man sagen würde, der Grund sei, weil ich Knochen und Muskeln habe, die sich beim Sitzen lagern können, wie es sein muß. Meiner Treu, sagt er, diese Knochen und Muskeln wären nicht hier und ihr sähet mich nicht in dieser Lage, wenn mein Geist nicht geurteilt hätte, daß es des Sokrates würdiger ist, zu leiden, was die Gesetze vorschreiben. Diese Stelle des Plato verdient ganz gelesen zu werden; denn es liegen in ihr sehr schöne und begründete Erwägungen vor. Indessen gebe ich zu, daß die besonderen Naturwirkungen mechanisch erklärt werden können und müssen, ohne jedoch ihre Zwecke und bewundernswerten Anwendungen zu vergessen, welche die Vorsehung darzubieten gewußt hat. Aber die allgemeinen Prinzipien der Physik und Mechanik selbst hängen von der Fügung einer erhaben waltenden Intelligenz ab und können nicht erklärt werden, ohne dieselbe in Betracht zu ziehen."

In dieser Briefstelle sind verschiedene allgemeine Gedanken zu erkennen, die wir später zu konkreten wissenschaftlichen Methoden verdichtet sehen werden. Zunächst liegt ein stark verweltlichter Gottesbegriff vor; aus der göttlichen Weisheit heraus soll man einzelne Aufgaben der Physik lösen können. Gott ist also die nicht personifizierte, kaum hypostasierte objektive Weltordnung; seine Weisheit soll ein wissenschaftliches Prinzip sein. Diese Tendenz, das geforderte geistige Prinzip mit Sonderfragen der Wissenschaft in Verbindung zu setzen, zeigt sich eigentlich auch schon in der Kritik des Sokrates an Anaxagoras, wenn wir die von Leibniz nicht angeführten Stellen aus Platos Phädon heranziehen. Sokrates glaubte anfangs[1]), „daß Anaxagoras ihm nun auch sagen werde zuerst, ob die Erde flach ist oder rund, und wenn er es mir gesagt hat, mir dann auch die Notwendigkeit der Sache und ihre Ursache dazu erklären werde, indem er sich auf das Bessere beriefe und mir zeigte, daß es ihr besser wäre, so zu sein. Und wenn er behauptete, sie stünde in der Mitte, werde er mir dabei erklären, daß es ihr besser wäre in der Mitte zu stehen; und wenn er mir dies deutlich machte, war ich schon ganz entschlossen, nie mehr eine andere Art von Ursache begehren zu wollen. Ebenso war ich entschlossen, mich nach der Sonne gleichfalls zu erkundigen und auch nach dem Monde und den übrigen Gestirnen, wegen ihrer verhältnismäßigen Geschwindigkeit und ihrer Umläufe und was ihnen sonst begegnet, inwiefern es doch jedem das Bessere sei, das zu verrichten und zu erleiden, was jedes erleidet."

Hier sieht man, daß Sokrates oder besser Plato ebenso wie Leibniz allgemeine Prinzipien der Naturwissenschaft sucht, die ein Herabsteigen zu den Einzelfragen der exakten Wissenschaft gestatten und vermitteln.

---

1) Plato, Phädon 97 E. Übersetzung nach Schleiermacher, (Reclam) § 46 S. 72.

Demgegenüber weist Natorp[1]) bei dieser Stelle nur auf einen tieferliegenden allgemeinen Gedanken hin, daß nämlich die physische Weltordnung ebenso wie die sittliche auf einer gewissen Zusammenstimmung der Teile zum Ganzen beruhen müsse; es kommt ihm darauf an, eine gewisse Einheit aus der sittlichen und der intellektuellen Welt zu konstruieren mit dem Ziel, daß schließlich der Idee des Guten nach Plato eine beherrschende Stellung zugewiesen werden könne. Natorp verweist in diesem Zusammenhang auf eine Stelle in dem wesentlich ethisch orientierten Dialog Gorgias: „Die Weisen behaupten, daß auch Himmel und Erde, Götter und Menschen nur durch Gemeinschaft bestehen bleiben und durch Schicklichkeit, Besonnenheit und Gerechtigkeit, und betrachten deshalb die Welt als ein Ganzes und Geordnetes, nicht als Zügellosigkeit. Du aber merkst hierauf nicht, sondern es ist Dir entgangen, daß das mathematische Gleichmaß unter Göttern und Menschen gleiche Bedeutung habe."[2]) Ohne der Autorität des berühmten Interpreten Platos zu nahe treten zu wollen, scheint uns die Leibnizische Auffassung der Stelle im Phädon für die Wissenschaft ein lebhafteres und unmittelbareres Interesse zu gewähren und leuchtet dem unbefangenen Leser zweifellos ein.

Die Form des gesuchten Prinzips der Wissenschaft bleibt hier im Dunkeln. Die Sokratische Kritik an Anaxagoras wird noch mehrfach von Leibniz erwähnt, so in der Abhandlung über das Kontinuitätsprinzip[3]), so in der Metaphysischen Abhandlung vom Jahre 1686[4]); hier findet sich auch ein Hinweis auf die oft von Leibniz erwähnte Ableitung der optischen Erscheinungen aus einem Prinzip des Größten oder Kleinsten.[5]) Hier finden sich ferner Bemerkungen über die Möglichkeit einer doppelten Methode in der Wissenschaft, der Methode der wirkenden Ursachen, der Effizienten, wie es später einmal heißt, und der Methode der Zweckursachen, der Finalen. Auf diese Gegenüberstellung, die weithin in der Wissenschaft gewirkt hat, werden wir bei Euler zurückzukommen haben. „Der Weg der wirkenden Ursachen indessen, der in der Tat tiefer und gewissermaßen unmittelbarer und a priori ist, ist dafür auch ziemlich schwierig, wenn man zu den speziellen Fragen vordringt, und ich glaube, daß unsere Philosophen in den meisten Fällen von ihm noch recht weit entfernt sind. Der Weg der Zweckursachen dagegen ist leichter und dient immerhin häufig

---

1) **Natorp**, Platos Ideenlehre (1903) S. 148. Wir halten uns natürlich nur an den Natorp der ersten Auflage.

2) Plato Gorgias 508. Übersetzung nach Schleiermacher bei Reclam, § 63 S. 113.

3) Math. Schr. VI S. 135.

4) **Gerh.** IV S. 247. Leibniz Hauptschriften, hrsg. von **Cassirer**, Bd. II S. 163, 165. S. auch **Gerh.** VII S. 335.

5) Acta Erud. 1682.

dazu, auf wichtige und nützliche Wahrheiten hinzuführen, die man auf dem andern, mehr physischen Wege lange Zeit hätte suchen müssen, wofür die Anatomie beachtenswerte Beispiele zu liefern vermag." Es folgt ein Hinweis auf die Ableitung des Reflexionsgesetzes des Lichts bei den Alten und des Brechungsgesetzes bei Fermat aus einer Eigenschaft des Größten und Kleinsten. Nimmt man an, daß die Lichtgeschwindigkeiten in zwei Medien ein Verhältnis haben, das dem Brechungsindex gleich ist, so zeigt Fermat, daß die wirkliche Gestalt des gebrochenen Strahls ein Minimum der Zeit liefert, in welcher das Licht von einem Punkte des ersten Mediums nach einem Punkte des zweiten gelangt. Das Extrem hat also physikalisch einen wesentlich anderen Charakter als die später zu betrachtenden Aufwandsextreme.

Die Übereinstimmung in den Ergebnissen der beiden bezeichneten Methoden scheint in der erst aus dem Jahre 1714 stammenden Abhandlung: Die Vernunftprinzipien der Natur und der Gnade[1]) dem Begriff der prästabilierten Harmonie untergeordnet zu werden; Leibniz spricht von der „Harmonie, die seit alter Zeit zwischen dem Reiche der Natur und dem Reich der Gnade, zwischen Gott als Baumeister und Gott als Monarchen prästabiliert ist. Die Natur führt somit selbst auf die Gnade hin, wie anderseits die Gnade die Natur vervollkommnet, indem sie sich ihrer bedient." Das Reich der Gnade dürfte die Natur sein, sofern sie sich nach Zweckursachen begreifen läßt.

Bestimmtere Fassungen des in den zitierten Worten ausgesprochenen Gedankens geben die Abhandlungen und Aufzeichnungen der mittleren Zeit.

III.

Eine genauere Formulierung der Leibnizischen Teleologie und zugleich des gesuchten, die Finalursachen darstellenden Prinzips findet sich in der Abhandlung De rerum originatione radicali[2]) vom Jahre 1697. „Alles mögliche, oder was ein Sein oder mögliche Wirklichkeit ausdrückt, strebt mit gleichem Recht zum Dasein nach dem Maße des Seins oder der Wirklichkeit oder nach dem Grade der Vollkommenheit, den es bei sich führt; Vollkommenheit ist nämlich nichts anderes als das Maß des Seins. Hieraus ist ersichtlich, daß unter unendlich vielen Zusammenstellungen und möglichen Reihen diejenige existiert, durch welche das meiste Sein zum Dasein gebracht wird. Immer nämlich gibt es in den Dingen ein Prinzip der Bestimmung, welches vom Maximum oder Minimum hergenommen ist, daß

---

1) Gerh. VII S. 596. Hauptschriften hrsg. von Cassirer, Bd. II S. 432.

2) Gerh. VII S. 302. Erdm., S. 147 Nr. XLVIII. Zuerst veröffentlicht von Erdmann 1840.

nämlich die größte Wirkung hervorgebracht werde mit dem kleinsten Aufwande so zu sagen."

Man darf wohl sagen, daß hier das Prinzip der kleinsten Wirkung, natürlich in unbestimmter Form, mindestens so gut ausgesprochen wird wie bei Maupertuis, der ja nie zu einer exakten Formulierung und nie zu einer einzigen korrekten Anwendung seines Prinzips gelangt ist. Die vorliegende Stelle scheint bei den bis in die letzten Jahrzehnte fortgesetzten Erörterungen über die Priorität betreffs des Wirkungsprinzips nicht beachtet zu sein. Doch wir lassen Leibniz weiter sprechen.

„Und hier muß Zeit, Ort, oder um es mit einem Wort zu sagen, die Empfänglichkeit oder Aufnahmefähigkeit der Welt für den Aufwand gehalten werden oder für das Gelände, in welchem am vorteilhaftesten gebaut werden kann; die Verschiedenheit der Formen aber entspricht der Bequemlichkeit des Geländes und der Vielheit der Zimmer. Und die Sache verhält sich wie in gewissen Spielen, wenn alle Plätze auf einer Tafel auszufüllen sind nach gewissen Regeln, aber wenn man nicht einen gewissen Kunstgriff gebraucht, man ausgeschlossen von den ungünstig gelegenen Plätzen schließlich gezwungen ist, mehr Plätze frei zu lassen, als man wollte und konnte; ein gewisses Verfahren gibt es aber, nach dem die Ausfüllung aller Plätze auf das leichteste gelingt." Das Spiel, das Leibniz hier meint, scheint nach einer andern Briefstelle das Einsiedler- oder Solitärspiel zu sein.[1]) Leibniz fährt an der abgebrochenen Stelle fort: „Wie wenn es bestimmt ist, ein Dreieck solle erscheinen und kein anderer Grund zur Bestimmtheit beigefügt wird, sich mit Notwendigkeit ein gleichseitiges ergeben wird; oder wie wenn man von einem Punkte zu einem andern hinstreben soll und nichts bestimmt weiter den Weg, der leichteste und kürzeste Weg ausgesucht wird. So auch, wenn einmal das Dasein dem Nichtsein vorgezogen wird, oder es ist ein Grund vorhanden, weshalb eher etwas existiert als nichts, oder es sei von der Möglichkeit zur Wirklichkeit überzugehen, so folgt hieraus, wenn nichts weiter bestimmt ist, mit Notwendigkeit, daß so viel existiert wie nur möglich bei der gegebenen Aufnahmefähigkeit der Zeit und des Ortes; gerade so wie Spielsteine so zusammengesetzt werden, daß auf gegebener Fläche möglichst viele vorhanden sind."

Die letzte Wendung verschärft in erwünschter Weise die obige Fassung des Aufwandprinzips, bei der es hieß: größte Wirkung bei kleinstem Aufwand. Das ist so zu verstehen wie man etwa leichthin den Kreis als größte Fläche bei kürzestem Umfang bezeichnet; das genauere ist die größte Fläche bei gegebenem Umfang oder kleinster Umfang bei gegebener Fläche.

---

1) A h r e n s , Mathematische Unterhaltungen und Spiele, S. 96. Brief von Leibniz an Montmort vom 17. Jan. 1716.

Nach der letzten Fassung wird also in Leibnizens Prinzip die größte oder kleinste Wirkung bei gegebenen raumzeitlichen Anfangs- und Endbedingungen verlangt, wie es später auch formal genau durchgeführt wird.

Übrigens erscheint hier mit größter Deutlichkeit das Prinzip des ausgezeichneten Falles, das neuerdings in einer besonderen Fassung von Ostwald[1]) dem Aufbau der Mechanik zugrunde gelegt wurde, freilich ohne daß dieser Versuch vollkommen durchgeführt wäre.

Weiter heißt es bei Leibniz wie folgt:

„Hieraus ist schon wundervoll einzusehen, wie im Ursprung der Dinge eine gewisse göttliche Mathematik oder ein metaphysischer Mechanismus ausgeübt wird und eine Bestimmung des Maximums stattfindet; wie unter allen Winkeln der Rechte ein bestimmter ist in der Geometrie, und wie die Flüssigkeiten aus beliebiger Lage in die gehaltreichste Gestalt, die sphärische zusammenlaufen, vor allem aber, wie in der gewöhnlichen Mechanik bei mehreren miteinander auf- und absteigenden schweren Körpern schließlich eine solche Bewegung zustande kommt, bei der im ganzen der größte Abstieg zum Vorschein kommt. Wie nämlich alles mögliche mit gleichem Recht zum Dasein strebt im Verhältnis seiner Wirklichkeit, so streben alle Gewichte mit gleichem Recht zum Abstieg nach dem Verhältnis ihrer Schwere, und wie hier die Bewegung herauskommt, in welcher der größte Abstieg des Schweren, so geht dort die Welt hervor, durch welche die größte Erzeugung des Möglichen erwirkt wird.‟

Hier ist das dynamische Aufwandsprinzip einigermaßen konfundiert mit der bekannten der Statik angehörigen Eigenschaft der Gleichgewichtslage schwerer Körper, dem Schwerpunkt des ganzen Massensystems eine möglichst hohe oder möglichst tiefe Lage zu geben. Die Bewegung, von der Leibniz spricht, ist wohl diejenige, durch welche ein System schwerer Massen, sich selbst überlassen unter geeigneten Umständen einer Gleichgewichtslage zustrebt. Die Tendenz, das allgemeine Prinzip in Einzelfällen zu bewähren, setzt sich also hier nicht so klar durch, wie anderswo. Denkbar wäre immerhin auch, daß der größte Abstieg derjenige wäre, bei dem die von Leibniz in der Dynamik eingeführte Actio am größten ist, so daß diese als Maß für die Größe des Abstiegs genommen wäre.

In diesem Zusammenhang sei auf eine Stelle im Briefwechsel zwischen[2]) Leibniz und Johann Bernoulli hingewiesen, in der als Zeichen der göttlichen Weisheit der Satz von der Erhaltung der mechanischen Energie angesehen wird. „So steht also fest, daß Gott nicht nach den Gesetzen vollkommener Weisheit handeln würde, wenn er nach der Regel der Cartesianer dieselbe

---

1) Berichte der Sächsischen Gesellschaft der Wissenschaften (phys.-math.) 1893, S. 599.

2) Commercium epistolicum, Bd. I S. 158. Brief vom Mai 1696.

Quantität der Bewegung, wie sie sie verstehen, fest erhielte; denn dann wäre die actio selbst in Wahrheit nicht konstant."

Hier steht actio für Energie, was mit den anderweitig vorliegenden Definitionen der actio bei Leibniz nicht übereinstimmt.

Die Abhandlung de rerum originatione fährt noch mit folgenden Worten fort: „Und in Wahrheit nehmen wir wahr, daß in der Welt alles nach den Gesetzen der ewigen Wahrheiten, nicht bloß nach den geometrischen, sondern auch nach den metaphysischen geschieht, das heißt, nicht nur nach den stofflichen Notwendigkeiten, sondern auch nach den Formalgründen; und das ist nicht nur allgemein wahr bei der von uns durchgeführten Begründung der lieber existierenden als nicht existierenden Welt, die auch lieber so als anders existiert, einer Begründung, die aus der Tendenz des möglichen zum Dasein zu entnehmen ist, sondern auch wenn wir zu den Sonderfällen herabsteigen, sehen wir, daß auf wunderbare Weise in der ganzen Natur die metaphysischen Gesetze der Ursache, Kraft, Wirkung Platz greifen und daß diese den rein geometrischen Gesetzen der Materie überlegen sind."

Wir fügen noch ein paar Stellen hinzu, die den Eindruck der angeführten verstärken mögen.

De ipsa natura sive de vi insita actionibusque creaturarum[1]), 1698: „Ich glaube, daß Gott aus bestimmten Gründen der Weisheit und Ordnung die Gesetze gegeben hat, die wir in der Natur beobachten, und hieraus wird offenbar, was von mir einst bei Gelegenheit eines optischen Gesetzes angemerkt worden ist und was der berühmte Molyneux nachher in der Dioptrik durchaus gebilligt hat, daß die Zweckursache nicht bloß nützlich sei für Tugend und Frömmigkeit in der Ethik und natürlichen Theologie, sondern auch in der Physik zur Auffindung und Entdeckung verborgener Wahrheiten."

Nouveaux essais[2]), Buch IV Kap. 7, 1704: „Diese Maxime, daß die Natur auf den kürzesten Wegen wirkt oder wenigstens auf den bestimmtesten, genügt für sich allein, um von der ganzen Optik, Katoptrik, Dioptrik Rechenschaft zu geben, d. h. von allem, was außer uns in den Wirkungen des Lichts geschieht, wie ich es einstmals gezeigt habe, und Herr Molyneux hat es durchaus gebilligt in seiner Dioptrik, die ein sehr gutes Werk ist."

IV.

Neue und bestimmtere Gedanken über das Wirkungsprinzip bietet die wichtige Abhandlung Tentamen anagogicum[3]), nach Gerhardt in die Jahre von 1690 bis 1695 fallend, in Wahrheit aber erst nach 1696 verfaßt,

1) Acta Erud. 1698, Erdm., S. 155 Nr. L.
2) Erdm., S. 368 Nr. LIV.   3) Gerh. VII S. 270.

da erst in diesem Jahre im Briefwechsel mit Johann Bernoulli die Brachistochrone auftritt, d. h. die Kurve zwischen den gegebenen Punkten *A* und *B*, auf der ein schwerer Punkt herabgleitend in der kürzesten Zeit von *A* nach *B* hin gelangt. Diese Kurve wird in der vorliegenden Abhandlung als Beispiel an wichtiger Stelle erwähnt. „Was zur letzten Ursache führt, wird bei Philosophen wie Theologen Anagogik genannt. Man beginnt also hier damit zu zeigen, daß man von den Naturgesetzen keine Rechenschaft geben kann, wenn man nicht eine intelligente Ursache annimmt. Man zeigt auch, daß bei der Untersuchung der Zweckursachen Fälle vorkommen, wo man auf das Einfachste und Bestimmteste achten muß, ohne zu unterscheiden, ob es das Größte oder Kleinste ist; daß dieselbe Sache auch in der Differentialrechnung beobachtet wird; daß das allgemeine Gesetz der Richtung des Lichtstrahls aus den Zweckursachen abgeleitet ein schönes Beispiel gibt, gleichviel ob Reflexion oder Brechung vorliegt, und ob die Oberfläche gekrümmt ist oder eben. Man zieht hieraus einige neue Sätze, die in gleicher Weise auf Reflexion und Brechung anwendbar sind."

Wie wir schon oben (III) der Alternative Maximum oder Minimum begegnet sind, wird hier mit der größten Bestimmtheit ausgesprochen, daß das gesuchte und gewünschte Prinzip der Finalursachen durchaus nicht notwendig ein ökonomisches, ein Prinzip der Ersparung zu sein braucht, was in der Popularphilosophie von Maupertuis später die Hauptsache wird und bei weiterer Ausbildung der Variationsrechnung zu Einwänden Anlaß gibt, von denen die Leibnizische Fassung nicht getroffen wird. Das einfachste Gegenbeispiel gegen Maupertuis ist die Bewegung eines materiellen, keiner Kraft unterworfenen Punktes auf der Kugelfläche; seine Bahn hört auf, die kürzeste zu sein, sowie er den Gegenpunkt seiner Ausgangslage erreicht hat, d. h. den Punkt, dessen Verbindungslinie mit dem Ausgangspunkte durch den Mittelpunkt der Kugel geht. Doch fahren wir mit Leibniz fort. „Man zeigt, daß die Analyse der Naturgesetze und die Erforschung der Ursachen zu Gott führt; man zeigt ferner, wie man auf dem Wege der Zweckursachen ebenso wie in der Differentialrechnung nicht allein auf das Größte und Kleinste, sondern allgemein auf das Bestimmteste und Einfachste achtet. Ich habe bei verschiedenen Anlässen bemerkt, daß die letzte Auflösung der Naturgesetze uns zu dem erhabensten Prinzip der Ordnung und Vollkommenheit führt und anzeigt, daß die Welt die Wirkung einer universellen intelligenten Macht ist. Diese Erkenntnis ist die Hauptfrucht unserer Untersuchungen, wie die Alten schon geurteilt haben, und ohne von Plato und Pythagoras zu sprechen, die sich hauptsächlich darauf richteten, strebte selbst Aristoteles durch seine Werke und besonders durch die Metaphysik einen ersten Beweger zu erweisen. Diese Alten waren allerdings nicht so unterrichtet wie wir von den Naturgesetzen und deshalb fehlten ihnen viele Mittel, die wir haben und deren wir uns bedienen müssen."

„Diese Betrachtung liefert uns das wahre Mittel, um zugleich der Wahrheit und der Frömmigkeit zu dienen. Man weiß, daß es geschickte Philosophen gibt, die in der Welt nur das Stoffliche sehen wollen; dem gegenüber gibt es eifrige und gelehrte Theologen, die, bestürzt über die Korpuskularphilosophie und nicht zufrieden, ihre Mißbräuche zurückzuweisen, sich zu der Behauptung verpflichtet glauben, es gebe Naturerscheinungen, die man nicht durch mechanische Prinzipien erklären kann, wie z. B. das Licht, die Schwere, die elastischen Kräfte; aber da sie hierin nicht mit Genauigkeit argumentiert haben und es den Korpuskularphilosophen leicht gemacht haben, sie zu widerlegen, schädigen sie nur die Religion, der sie zu dienen glauben; denn sie bestärken diejenigen in ihrem Irrtume, die nur materielle Prinzipien zulassen wollen. Das wahre Mittel, die einen wie die andern zu befriedigen ist, daß alle Naturerscheinungen mechanisch zu erklären wären, wenn wir sie genügend verstünden, daß aber die Prinzipien der Mechanik selbst nicht geometrisch zu erklären sind, weil sie von höheren Prinzipien abhängen, die die Weisheit des Schöpfers in der Ordnung und Vollkommenheit seines Werks anzeigen."

Es lohnt sich, einen Augenblick bei den theologischen Betrachtungen Leibnizens zu verweilen, so veraltet sie auch dem naturwissenschaftlichen Zeitalter erscheinen mögen. Mit der Aufstellung eines Vollkommenheits- oder Aufwandsprinzips gilt der Gottesbeweis als erbracht. Das Prinzip soll wie gleich unten nochmals (s. oben unter II und III) betont wird, mit den besonderen Aufgaben der Wissenschaft in engster Verbindung stehen, also wirklich wissenschaftlicher Natur sein, in der Sprache der Wissenschaft formuliert; ein solches Prinzip kann nur insofern als Gottesbeweis aufgefaßt werden, als in ihm, kantisch gesprochen, nach dem Schema einer bewußten und schließlich personifizierten Intelligenz gearbeitet wird. Es liegt ein schwacher Schatten des physiko-theologischen Gottesbeweises vor, dem ja auch Kant seine Achtung nicht ganz versagt. Das Unkritische liegt wohl nur in der Einführung des Namens Gottes, der von der Welt der Werte her mit einem ganz ausgeprägten Komplex von Assoziationen und Vorstellungen verknüpft ist, die aber hier gänzlich unter der Schwelle des Bewußtseins verbleiben. Dem Frommen gibt dieser Beweis nichts.

Wir kommen nach Auslassung an sich höchst inhaltreicher Ausführungen nunmehr zu der für uns wichtigsten Stelle unserer Abhandlung.

„Was mir bei dieser Betrachtung das Schönste scheint, ist, daß dieses Prinzip der Vollkommenheit, statt sich nur auf das Allgemeine zu beschränken, auch in das Einzelne der Dinge und Erscheinungen herabsteigt, und daß es dabei ungefähr zugeht wie bei der Methode der besten

Formen, d. h. der Formen, die ein Größtes oder Kleinstes darbieten und die wir in die Geometrie eingeführt haben noch jenseits der alten Methode der größten und kleinsten Werte. Denn das Optimum dieser Formen findet sich nicht bloß im ganzen, sondern in jedem Teil, und wäre ohne dies auch im Ganzen gar nicht vorhanden. Z. B. wenn wir in der Linie des kürzesten Abstiegs zwischen zwei Punkten zwei andere Punkte nach Belieben annehmen, so ist der von diesen abgeschnittene Teil der Kurve ebenfalls bezüglich dieser letzteren Punkte eine Linie kürzesten Abstiegs. So sind die kleinsten Teile des Universums nach der Regel größter Vollkommenheit geordnet; ohne dies wäre das Ganze es auch nicht."

Hier ist zunächst der bestimmte Hinweis auf die Methode der Variationsrechnung, die später das Wirkungs- oder Aufwandsprinzip allein fruchtbar machen konnte. Die jenseits der gewöhnlichen der Differentialrechnung zugänglichen liegenden Aufgaben des Größten und Kleinsten werden von Johann Bernoulli[1]) in einem Brief vom Jahre 1696 erwähnt als etwas, was Leibniz nicht fremd sein dürfte. Bernoulli stellt die berühmte Aufgabe der Brachistochrone: Zwei Punkte A und B durch eine solche Kurve zu verbinden, daß ein auf ihr gleitender schwerer Punkt in der kürzesten Zeit von A nach B gelangt; er fügt hinzu: „Du siehst, daß das Problem zu denjenigen gehört, bei denen aus allen Linien eine herausgesucht wird, die ein Minimum einer gegebenen Größe liefert; eine solche Aufgabe hast du bei der Kettenlinie durch eine Reihe lösen gelehrt." Die gewöhnlichen Extremumsaufgaben der Differentialrechnung sind diejenigen, bei denen eine Kurve gegeben ist und auf ihr das Extremum einer Ordinate gesucht wird. Jene andern sind die Aufgaben der Variationsrechnung, für die Euler eine allgemeine rechnerisch brauchbare und vielseitig anwendbare Methode der Lösung herstellt, die sich dann nach dem Eingreifen von Lagrange zur modernen Variationsrechnung entwickelt. Bei der engen Beziehung dieser mathematischen Disziplin zum Wirkungsprinzip dürfen wir bei ihren Anfängen ein wenig verweilen.

Das Problem des schnellsten Abstiegs, sagt Leibniz[2]), „ist fürwahr sehr schön, und hat mich, den unwilligen und widerstrebenden, angezogen wie der Apfel die Eva. Diese Versuchung ist nämlich für mich ernst und schädlich bei den geschwächten Kräften und der auf mir liegenden anderweitigen Arbeitslast, so daß ich nicht leicht weitere Dinge in Angriff zu nehmen wage, die eine intensivere Denkarbeit erfordern; deshalb bitte ich für die Zukunft mich mit Aufgaben zu verschonen; ich will lieber von anderen, insbesondere von Dir, die Lösungen lernen, als daß sie von mir erhofft werden, und will lieber Dir recht schwach erscheinen, als es für mich wirk-

---

1) Commerc. epist., Bd. I S. 167. 2) Commerc. epist., Bd. I S. 172.

lich werden. Ich fühle nämlich, daß durch solche Arbeit, besonders durch Rechenarbeit, die Dir vielleicht leicht erscheinen könnte, meine Kräfte nicht wenig erschöpft werden, und daß jene unangenehmen Hitzeanfälle, Phlogosen, dadurch hervorgerufen werden." Trotz dieser Klagen gibt Leibniz die richtige Lösung der Aufgaben, und Bernoulli freut sich besonders des Gleichnisses vom Apfel der Eva, wenn nur er, Bernoulli, nicht für jene bösartige Schlange gehalten werde, die den Apfel anbot. Er fügt triumphierend hinzu, was Leibniz entgangen war, daß die richtig gefundene Kurve mit der Zykloide identisch sei.

In einem späteren Briefe und ausführlicher auf einem im Nachlaß gefundenen Blatte[1]), gibt Leibniz seine Methode, die im wesentlichen schon die Eulersche ist, in klassischer Kürze. „Ich denke mir statt der Kurve ein Polygon mit unendlich vielen Ecken; dasselbe gibt unter allen möglichen den leichtesten Abstieg, wenn in ihm bei drei aufeinanderfolgenden Ecken A, B, C der Punkt B so liegt, daß er unter allen Punkten einer durch ihn gehenden horizontalen Geraden DE den leichtesten Abstieg von A nach C gibt. Die Sache läuft also auf die Lösung folgender leichter Aufgabe hinaus: Sind A und C gegebene Punkte, DE eine zwischen ihnen hindurch laufende horizontale Gerade, so soll auf dieser ein solcher Punkt B gefunden werden, daß ABC der leichteste mögliche Weg sei. Daraus geht hervor, was ich im vorigen Briefe betreffs der Elemente der Abszissen, Ordinaten und Bögen angegeben habe, wenn nämlich die Zwischenräume zwischen den Punkten A, B, C unendlich klein genommen werden." D. h. so erhält man die Differentialgleichung der Kurve.

Hier erblicken wir die mathematische Grundlage des im Tentamen anagogicum ausgesprochenen Gedankens, daß die kennzeichnende Extremumseigenschaft auch einer kleinen Teilstrecke des betrachteten Vorgangs zukommt; die Minimumseigenschaft der Brachistochrone wird zuerst für einen kleinen Teil der gesuchten Kurve, das infinitesimale Polygonstück ABC gefordert, womit sich schon die volle Charakterisierung der ganzen Kurve ergibt. Der hier zugrunde liegende Gedanke kommt in der späteren Entwicklung der Variationsrechnung besonders durch Jacob Bernoulli mathematisch vielfach zur Geltung. Bei Leibniz erscheint dieser Gedanke einigermaßen in Verbindung mit dem allgemeinen Streben, das allgemeine Prinzip im einzelnen, also kleinen, zu bewähren und anzuwenden.

Hiermit sind die Begriffe, Aufgaben und Methoden gekennzeichnet, in denen sich nach dem Tentamen das Leibnizische Vollkommenheitsprinzip realisieren soll; oder, wenn man will, werden diese ganz bestimmten mathematischen Gedanken durch das allgemeine Vollkommenheitsprinzip

---

1) Commerc. epist., Bd. I S. 183. Math. Schr., Bd. III (1) S. 290.

sozusagen sublimiert. Was hier fehlt, ist der konkrete für die einfachsten dynamischen Vorgänge maßgebende Ausdruck der Wirkung, der Aktion, das uns später begegnende Produkt $v\,ds$ oder $v^2 dt$, in welchem v die Geschwindigkeit eines bewegten Massenpunktes, dt und ds die Elemente der Zeit und der Weglänge bedeuten. Die Formulierung des Tentamen gibt gerade dasjenige, was bei der neueren Verallgemeinerung des Wirkungsprinzips, seiner Ausdehnung auf nicht rein massendynamische Vorgänge übrig bleibt. Die allgemeine, farblose Form des Prinzips, an die auch Helmholtz nur denken kann, wenn er das Wirkungsprinzip als ein allgemeines Naturgesetz auch für thermische und elektrische Vorgänge auffaßt, ist bei Leibniz vorhanden; es ist das grundsätzliche Streben, die Naturvorgänge auf Integralprinzipien von wohl bestimmter mathematischer Eigenart zurückzuführen. Was hier noch fehlt und was für die wissenschaftliche Welt öffentlich erst Euler geleistet hat, ist die besondere Form des Prinzips für die Bewegung von Massenpunkten, die unter der Wirkung von Kräften gewisser Typen stehen, die Wurfparabel, die Planetenbahn usf. Hier wird von Euler das Wirkungselement $v\,ds$ zugrunde gelegt, das wir auch noch bei Leibniz finden werden, das dieser aber nicht zur Ausrechnung einzelner Beispiele angewandt hat. Die besondere Form des Wirkungsprinzips für die Dynamik eines Massenpunktes ist, wie hier vorläufig nur erwähnt sei, nur in dem von Maupertuis und seinen Leuten angefochtenen Briefe von Leibniz ausgesprochen.

<h2 style="text-align:center">V.</h2>

Wir kehren zum Tentamen anagogicum zurück.

„Aus diesem Grunde bin ich gewohnt zu sagen, daß es sozusagen zwei Reiche der körperlichen Natur gibt, die sich durchdringen, ohne sich zu vermischen und ohne sich zu hemmen, das Reich der Macht, nach welchem alles sich mechanisch erklären läßt durch wirkende Ursachen, wenn wir nur hinreichend weit ins Innere eindringen, und das Reich der Weisheit, nach welchem alles sich, architektonisch sozusagen, durch die Zweckursachen erklären läßt, wenn wir deren Gebrauch genügend kennen."

Hier finden wir den unter II. schon besprochenen und auch sonst häufig begegnenden[1]) Gedanken einer doppelten Methode der Wissenschaft; das Wort architektonisch findet sich ähnlich bei Kant. Es folgt jetzt im Tentamen ein Absatz über die Zweckmäßigkeit in der organischen Welt, der zu den sonst von uns betonten Gedanken nicht recht paßt. In der Terminologie der Kritik der Urteilskraft gehört diese Betrach-

---

1) Specimen dynamicum, Math. Schr., Bd. VI S. 24. Hauptschriften hrsg. von Cassirer, Bd. I S. 272, 270. Metaphysische Abhandlung, Hauptschr., Bd. II S. 164. Gerh., Bd. IV S. 447.

tung zum Begriff der objektiven Zweckmäßigkeit, während die im Wirkungsprinzip geforderte Vollkommenheit sich dem Begriff der formalen Zweckmäßigkeit unterordnet, auf den wir zurückkommen. Weiter folgt der uns schon vertraute Gedanke, „daß die Zweckursachen nicht bloß zur vermehrten Bewunderung des Schöpfers dienen, sondern auch um Entdeckungen in seinem Werk zu machen". Zum Beweis gibt nun Leibniz eine Ableitung der von ihm immer wieder erwähnten Extremumseigenschaften der Katoptrik und Dioptrik. Indem Leibniz die Fermatschen Sätze auf Brechung und Reflexion an krummen Flächen mittels des Algorithmus der Differentialrechnung überträgt, weist er darauf hin, inwiefern z. B. bei einer Funktion von einer Veränderlichen ein Maximal- oder Minimalwert als der bestimmteste angesehen werden kann: in der Nähe einer extremen Ordinate kommt ein ihr naheliegender Wert als Ordinate entweder gar nicht, oder zweimal vor, als Zwillingsordinate. Maxima und Minima kommen je nach den Fällen beide vor; „man genügt einem anderen Prinzip, welches dem vorstehenden nachfolgt und mit sich bringt, daß man in Ermangelung eines kleinsten sich an das bestimmteste halten muß, welches das Einfachste sein kann, auch wenn es das größte ist".

„Das Prinzip der Natur, auf dem bestimmtesten Wege zu operieren, ist nur architektonisch; aber die Natur verfehlt nirgends, es zu beobachten. Nehmen wir an, die Natur wolle ein Dreieck von gegebenem Umfang bilden und nicht mehr, so würde sie zweifellos das gleichseitige Dreieck konstruieren. Man sieht an diesem Beispiel den Unterschied zwischen den geometrischen und den architektonischen Bestimmungen; die geometrischen bringen eine absolute Notwendigkeit heran, deren Gegenteil einen Widerspruch ergibt; die architektonischen bringen nur eine Notwendigkeit der Wahl, deren Gegenteil die Unvollkommenheit bringen würde. Etwa wie man in der Jurisprudenz sagt: Was gegen die guten Sitten geht, muß für unmöglich gelten; quae contra bonos mores sunt, ea nec facere nos posse credendum est. Wie es denn selbst im algebraischen Kalkül etwas gibt, was ich das Gesetz der Gerechtigkeit nenne und was sehr dazu hilft, die guten Wege zu finden. Wenn die Natur roh wäre so zu sagen, d. h. rein materiell oder geometrisch, so wäre jener Fall unmöglich, und wenn die Natur nicht mehr als den Umfang eines Dreiecks hätte, wäre sie nicht in der Lage, es zu konstruieren; aber weil sie architektonisch geleitet wird, genügen ihr geometrische Halbbestimmungen, um ihr Werk zu vollenden. Andernfalls würde sie meistens zum Stillstand kommen. Und das ist das Wirkliche bezüglich der Naturgesetze. Man wird vielleicht verneinen, was ich oben vorgebracht habe bezüglich der Bewegungsgesetze, und man glaubt vielleicht, daß es eine vollständig geometrische Ableitung gibt; aber ich behalte mir vor, das Gegenteil in einer andern Abhandlung zu beweisen und zu zeigen, daß man jene Gesetze nicht ableiten kann ohne architektonische Beweisgründe."

„Einer der erheblichsten, die ich in die Physik zuerst eingeführt zu haben glaube, ist das Gesetz der Kontinuität, von dem ich vor mehreren Jahren in der République des lettres gesprochen und an Beispielen gezeigt habe, daß dasselbe als Grundstein der Dogmen dient. Es dient aber nicht nur zur Prüfung, sondern als ein sehr fruchtbares Prinzip der Erfindung, wie ich eines Tages zeigen werde. Aber ich habe noch andere sehr schöne und ausgedehnte Gesetze der Natur gefunden, die sehr verschieden sind von denen, die man anzuwenden pflegt, und die immer von architektonischen Prinzipien abhängen. Und nichts scheint mir wirksamer, um die höchste Weisheit des Schöpfers in ihren eigenen Prinzipien zu erweisen und zu bewundern."

Im letzten Absatz scheint der Begriff der architektonischen Prinzipien gegenüber dem vorhergehenden etwas verschoben, indem das Kontinuitätsprinzip, also die Methode, aus Übergängen zur Grenze Schlüsse zu ziehen, jenen Prinzipien zugerechnet wird. Hier haben nun die ganzen Betrachtungen über das Extremum und die größte Bestimmtheit keinen Sinn mehr; wir müssen also diese im weiteren Sinne architektonischen Prinzipien von denen unterscheiden, die vorher als für das Reich der Gnade charakteristisch entwickelt wurden.

Als Abschluß unserer Darstellung der allgemeinen Leibnizischen Methodenlehre möge hier eine Stelle aus einem Brief an Jablonski[1]) vom Jahre 1696 Platz finden, an der Leibniz seine ganze Anschauung besonders frisch und lebendig zum Ausdruck bringt. „Es scheint, daß zur Zeit weder die Herren Engländer noch die Cartesianer in Frankreich und Holland in den Grund der materialischen Dinge gesehen. Ich vermeine, daß zwar alles in den körperlichen Phänomenis mechanisch, ursprünglich aber auch alles in der Natur zugleich metaphysisch und moral; und zwei einander durchdringende Reiche in allen Dingen, das Reich der Weisheit nach den Finalen und das Reich der Kraft nach den Effizienten, indem die letzten Ursachen der mechanischen Gesetze selbst von einer höheren Substanz hergeholet werden müssen, welche auch überall gewisse Monades geschaffen hat, so keine Figur noch Teile haben und in denen die Kraft wohnet. Halte ich es also weder mit denen Platonicis Peripateticis, welche vermeinen, man könne nicht alle besonderen Zufälle der Körper mechanisch erklären, noch mit den Cartesianern, welche vermeinen, daß außer bei dem Menschen — welches eine gar schlechte und unzulässige Ausnahme — in der ganzen

---

1) **Harnack**, Geschichte der Königl. Preußischen Akademie der Wissenschaften, Bd. II S. 53.

Natur nichts sei als eine taube Massa, allein bequem, den Platz zu füllen:
wogegen glaube ein anderes erweisen und dadurch zu mehrerer Erkenntnis
des Höheren und Inneren beitragen zu können."

VI.

Was Leibniz unter der actio, der Wirkung bei der Bewegung eines einzelnen Massenpunktes verstanden hat, ist aus verschiedenen Stellen deutlich zu ersehen. So schreibt er im März 1696, auf dem Höhepunkt seines
Briefwechsels mit Johann Bernoulli an diesen[1]): „Die bewegenden Wirkungen, actiones motrices, desselben bewegten Massenpunktes sind im
zusammengesetzten Verhältnis der unmittelbaren Wirkungen, effectus,
nämlich der durchlaufenen Längen und der Geschwindigkeiten. Also sind
die Wirkungen in einem Verhältnis, das zusammengesetzt ist aus dem einfachen Verhältnis der Zeiten und dem doppelten der Geschwindigkeiten.
Deshalb sind in gleichen Zeiten oder Zeitelementen die bewegenden Wirkungen desselben Körpers im doppelten Verhältnis der Geschwindigkeiten,
oder, wenn verschiedene bewegte Punkte vorliegen, in einem Verhältnis,
das aus dem einfachen Verhältnis der bewegten Punkte, Massen, und dem
doppelten der Geschwindigkeiten zusammengesetzt ist."

Nennen wir also wieder v die Geschwindigkeit, dt und ds die Elemente der
Zeit und des Raumes, so ist $ds = vdt$, und die Wirkung ist $vds = v^2dt$.
Eben dies Resultat wird in den Briefen an de Volder[2]), in der Dynamik[3])
sowie in der Abhandlung Essay de dynamique . . .[4]) gegeben; de Volder
geht schließlich auf Leibnizens Gedanken ein und reproduziert sie in seiner
etwas scholastischen Weise.

Es lohnt sich, bei der Begründung der Definition durch Leibniz zu verweilen, die in den Briefstellen besonders frisch zum Ausdruck kommt. Die
Grundvorstellung ist immer, daß jedem Bewegungsvorgang, jeder Bewegung z. B. eines Punktes von bestimmter Masse und Geschwindigkeit
während eines gewissen Zeitintervalls eine bestimmte kennzeichnende
Größe, die Wirkungsgröße, Actio, zugeordnet werden kann; die Wahl der Definition hängt mit der Frage nach Schätzung der Kraft unmittelbar zusammen. Die Energie, Effectus, wird von der Wirkung klar unterschieden;
es stört nur auf den ersten Blick, daß von der Erhaltung der Wirkung im
vollständigen Massensystem die Rede ist, wo wir nur das Wort Energie
erwarten. Wir kommen darauf zurück. Nachdem die Unterscheidung von
virtueller und formaler Wirkung als unwesentlich abgewiesen ist, schreibt
Leibniz gegen Bernoullis Einwendungen[5]): „Weil die Durchlaufung von

---

1) Commerc. epist., Bd. I S. 143.   2) Gerh., Bd. II S. 220, 212, 215.
3) Math. Schr., Bd. VI S. 356.   4) Math. Schr., Bd. VI S. 321.
5) Commerc. epist., Bd. I S. 141.

zwei Meilen in einer Stunde das Doppelte ist der Durchlaufung von zwei Meilen in zwei Stunden, und die Durchlaufung von zwei Meilen in zwei Stunden das Doppelte ist der Durchlaufung von einer Meile in einer Stunde, so folgt, daß die Durchlaufung von zwei Meilen in einer Stunde das Vierfache ist der Durchlaufung von einer Meile in einer Stunde." Da die Geschwindigkeit bei zwei Meilen in der Stunde die doppelte ist gegen die Geschwindigkeit bei einer Meile in einer Stunde, ist die definierte Größe offenbar dem Quadrat der Geschwindigkeit proportional; ebenso der Zeit proportional nach der Erwägung, daß zwei Meilen in zwei Stunden das Doppelte bedeuten von einer Meile in einer Stunde, also mit derselben Geschwindigkeit. An einer früheren Stelle[1] wird die Schlußreihe sorgfältiger durchgeführt und betont, daß natürlich bei diesen Proportionalitäten die Zahl 2 durch jede andere ersetzt werden kann. Daß auch die Masse als Proportionolitätsfaktor auftritt, wird in der Dynamik[2] hervorgehoben.

Weiter heißt es gegen die Einwände Bernoullis: „Entschuldige meine Offenheit, wenn ich sage: Du scheinst meinen Beweis nur einigermaßen obenhin betrachtet zu haben, da Du ihn folgendermaßen gegen mich wenden zu können glaubst: 1. Die Wirkung, die das Doppelte in der einfachen Zeit leistet, ist virtualiter das Doppelte der Wirkung, die das Doppelte in der doppelten Zeit leistet. 2. Die Wirkung, die das Doppelte in der doppelten Zeit leistet, ist virtualiter dieselbe, wie die Wirkung, die das Einfache in der einfachen Zeit leistet. 3. Die Wirkung, die das Doppelte in der einfachen Zeit leistet, ist das Doppelte der Wirkung, die das Einfache in der einfachen Zeit leistet; was gegen mich geht. Aber ich bitte um Aufklärung, mit welchem Rechte der Satz 2. angenommen werden kann, daß nämlich die Durchlaufung von zwei Meilen in zwei Stunden virtualiter ein Einfaches sei, oder gleich der Durchlaufung einer Meile in einer Stunde. Gewiß ist gleichwertig, was von gleicher Stärke ist; welcher Läufer liefe aber nicht lieber eine Meile in einer Stunde als zwei Meilen in zwei Stunden; vielmehr wird er, wenn Du das letztere von ihm verlangst, wenn auch in zwei verschiedenen Zeitintervallen, den doppelten Lohn fordern, nämlich für doppelte Arbeit." Hier wird offenbar der Begriff der Wirkung aus solchen formalen Eigenschaften abgeleitet, die dem populären Begriff des Arbeitsaufwandes zukommen.

Endlich liegt eine Art von Erhaltungsprinzip der Wirkung in folgenden Worten. „Es verhalten sich aber die Kräfte wie die Wirkungen, die ungehindert und nicht unterstützt in gleichen Zeiten ausgeübt werden. Wir sehen also, daß immer dieselbe Kraft, vis, und dieselbe bewegende Wir-

---

1) Commerc. epist., Bd. I S. 122.   2) Math. Schr., Bd. VI S. 356, 366.

kung in den Dingen erhalten bleibt, und daß sowohl an Kraft, potentia, wie an Wirkung dem einen abgeht, was dem andern zugeführt wird."

Zur Deutung dieser Worte darf daran erinnert werden, daß an der entsprechenden Stelle der Dynamik[1]) ausdrücklich hervorgehoben wird, daß von den Gewichten und Schwerkräften, also von potentieller Energie in diesen allgemeinen Erörterungen abgesehen wird. Wollen wir die angeführten Worte also auf ein greifbares Massensystem anwenden, so haben wir etwa an ein System vollkommen elastischer Kugeln zu denken, in denen sich bei allen Stößen die Kraft, d. h. die lebendige Kraft, potentia erhält; das Zeitintegral derselben ist aber die Wirkung, so daß die Gesamtwirkung in einem Zeitintervall gegebener Länge immer dieselbe ist, wo man auch das Intervall beginnt.

Die Wirkungsgröße, von der hier die Rede ist, bezieht sich immer nur auf die wirkliche Bewegung, während bei dem Wirkungsprinzip diese natürliche Wirkungsgröße mit solchen verglichen wird, die sich bei fingierten Bewegungen eines Massensystems ergeben würden; die fingierten Bewegungen entfernen sich nur wenig von der gesuchten, gefunden gedachten wirklichen Bewegung. Der teleologische Gedanke kommt bei den zitierten Erörterungen über den Begriff der Wirkung nicht unmittelbar zum Ausdruck, wohl aber andeutungsweise in einem der Briefe an de Volder vom Jahre 1700, wo als Zweck der ganzen Betrachtung bezeichnet wird, zu konstatieren[2]), „daß die Prinzipien der Natur nicht weniger metaphysisch als mathematisch seien, oder vielmehr daß die Ursachen der Dinge in einer gewissen metaphysischen Mathematik verborgen liegen, welche die Vollkommenheiten oder die Grade der Realitäten abschätzt."

Jetzt sind wir in der Lage, die Stellung Leibnizens zu dem konkreten Prinzip der kleinsten Wirkung, wie es nachher von Euler für die Dynamik des einzelnen Massenpunktes entwickelt wird, zu kennzeichnen. Leibniz definiert das richtige Wirkungselement *vds*, wie schon Helmholtz[3]) hervorgehoben hat, mit solcher Ausführlichkeit in der Dynamik, daß schon daraus auf eine beabsichtigte wichtige Anwendung geschlossen werden kann. Daß aber wirklich die Wirkungsgröße

$$\int vds$$

diejenige Größe ist, die nach dem allgemeinen teleologischen Prinzip (III) ein Extrem oder einen ausgezeichneten Wert haben soll, geht urkundlich nur aus dem von Samuel König veröffentlichten, von Maupertuis und seinen

---

1) Math. Schr., Bd. VI S. 366. S. a. Brief an de Volder. Gerh., Bd. II S. 220.
2) Gerh., Bd. II S. 213.
3) Zur Geschichte des Prinzips der kleinsten Aktion, Ges. Abh., Bd. III S. 252.

Leuten angefochtenen Briefe[1]) hervor, dessen Authentizität ja durch den von Kabitz gemachten Fund[2]) noch wahrscheinlicher geworden ist.

Leibniz konnte aus dem so gefaßten besonderen Prinzip der kleinsten Wirkung nach dem Stande seiner mathematischen Hilfsmittel sehr wohl z. B. die Wurfparabel ableiten, wenn er die Bemerkung machte, die wir bei Euler vorfinden, daß nämlich, um zu einer greifbaren Aufgabe der Variationsrechnung zu gelangen, die Geschwindigkeit v mittels der Gleichung der lebendigen Kraft, die also hier als bekannt vorausgesetzt wird, durch die Fallhöhe x auszudrücken ist; sie ist, was Leibniz von der Diskussion des Kraftbegriffes her vollkommen geläufig ist, der Größe $\sqrt{x}$ proportional, so daß das Minimum des Integrals

$$A = \int \sqrt{x}\, ds$$

gefordert wird. Bei der Brachistochrone trat das Integral

$$\int \frac{ds}{\sqrt{x}}$$

auf, und dessen Minimum hat Leibniz, wie wir schon erwähnten, vollständig richtig mit seiner oder der Eulerschen Methode der Variationsrechnung bestimmt. Das Integral A bietet weniger mathematische Schwierigkeiten dar; Leibniz konnte sie überwinden, wenn ihn nicht die bei der Brachistochrone aufgetretenen Phlogosen hemmten. Ob man die Behandlung der Form A für wahrscheinlich halten will, muß vorläufig dahingestellt bleiben.

VII.

In einer höchst inhaltreichen Studie über das Prinzip der kleinsten Wirkung[3]) ordnet Planck dasselbe unter das Streben der physikalischen Wissenschaft, alle beobachteten und noch zu beobachtenden Naturerscheinungen in ein einziges Prinzip zusammenzufassen, welches gestattet, sowohl die vergangenen als auch besonders die zukünftigen Vorgänge aus den gegenwärtigen zu berechnen. Eine solche Auffassung ist bei der Mannigfaltigkeit der späteren konkreten Erscheinungsformen unseres Prinzips zu rechtfertigen, wenn wir an die Leibnizische allgemeine teleologische Auffassung denken und das Prinzip bei Leibniz als Ausstrahlung einer allgemeinen Tendenz betrachten; historisch aber ist zu bemerken, daß der Ursprung des konkreten Wirkungsprinzips für die Dynamik des Massenpunktes, wie es seit Euler und Lagrange in der Wissenschaft, besonders in

---

1) Nova Acta erud. 1751, S. 176.
2) Sitzungsberichte der Berliner Akademie 1913, S. 632.
3) Physikalische Rundblicke, 1922, S. 103. S. a. Kultur der Gegenwart, 1915.

der allgemeinen Dynamik wirklich angewandt wurde, ein rein mathematischer ist. Euler hat in einer Reihe wichtiger Abhandlungen und in der ersten Mechanik[1]) die Methode der Variationsrechnung entwickelt und handlich gemacht, von der wir schon gesprochen haben, also die Methode, eine gewisse besondere Klasse von Aufgaben des Extremums zu behandeln. Es sind die Aufgaben, in denen der Gesamtverlauf einer Kurve z. B. gesucht wird mit dem Ziel, eine durch den Gesamtverlauf bestimmte, nicht von einzelnen Punkten abhängige Größe zum Extremum, zum Maximum oder Minimum zu machen. Z. B. sei die kürzeste Linie auf einer gegebenen Oberfläche zwischen zwei gegebenen Punkten zu ziehen; ihre Bogenlänge ist eine Größe, deren Wert durch den Verlauf der Kurve von einem Endpunkte bis zum andern bestimmt ist; soll sie ein Extrem sein, so ergeben sich als notwendige Folge die kennzeichnenden Eigenschaften der gesuchten Kurve. Da schreibt Daniel Bernoulli[2]), der Sohn des großen Johann, an Euler: „Von Euer Wohledelgeboren möchte vernehmen, ob Sie nicht meinen, daß man die orbitas circa centra virium könne methodo isoperimetrica herausbringen." Also ein Kenner der Newtonschen Himmelsmechanik und der an sie angeschlossenen allgemeinen Dynamik, wie sie sich seitdem enwickelt hat, wünscht die Bahnkurven von Punkten, die unter der Wirkung von Zentralkräften stehen, z. B. die Planetenbahnen, nach der isoperimetrischen Methode, d. h. als Lösung eines Problems der Variationsrechnung zu finden, also als Lösung einer Aufgabe von der Form derer, die Euler lösen gelehrt hat und in dem in Bearbeitung befindlichen Hauptwerk Methodus inveniendi[3]) systematisch behandeln will. Euler löst die von Daniel Bernoulli gestellte Aufgabe in glänzender Weise; es gelingt ihm, die Wurfbewegung, die Planetenbewegung und noch andere Aufgaben der Punktmechanik mittels seiner Methode als Lösungen von Extremumsaufgaben darzustellen, und zwar in einem Anhang des erwähnten großen Werks, der den Titel de motu projectorum trägt. Diese bedeutende Leistung Eulers gibt zu zwei Bemerkungen Anlaß.

1. Euler legt das Leibnizische Wirkungselement $v\,ds$ zugrunde und motiviert dasselbe durch Betrachtungen, auf die wir noch zurückkommen; dann aber kommt der wichtige Schritt, daß die Größe v mittels der Energiegleichung

$$\frac{m v^2}{2} + \varPhi = h = \text{const.}$$

in der m die Masse, $\varPhi$ die potentielle Energie, und zwar eine durch die Lage

---

1) Mechanica sive motus scientia analytica, 1736. In der Neuausgabe der Werke Eulers abgedruckt.

2) P. H. Fuß, Correspondance mathématique et physique, Bd. II S. 468.

3) Methodus inveniendi lineas curvas maximi minimine proprietatibus gaudentes, 1744. In der Neuausgabe der Werke noch nicht erschienen.

des Punktes allein bestimmte Größe ist, und h eine Konstante bedeutet, ausgedrückt wird in der Form

$$v = \sqrt{2\,(h - \Phi)/m},$$

so daß das Wirkungsprinzip sich in die rein räumliche Aufgabe verwandelt, das Extrem der Größe

$$\int \sqrt{h - \Phi}\, ds$$

zu suchen. Hiermit ist das Prinzip der kleinsten Wirkung in eine den Euler-schen Methoden zugängliche Aufgabe verwandelt. Auf einen Sonderfall dieses Verfahrens haben wir schon (VI) hingewiesen; die Ausdehnung des Eulerschen Wirkungsprinzips auf beliebige Massensysteme von gewissem sehr allgemeinem Charakter ist eine bedeutende mathematische Leistung von Lagrange.[1]

2. Eine enge Beziehung zwischen Euler und Leibniz liegt vor in den all-gemeinen Bemerkungen über die wissenschaftliche Methode zu Anfang der Abhandlung de motu projectorum: „Da ja alle Naturwirkungen irgendein Gesetz des Maximums oder Minimums befolgen, so ist kein Zweifel, daß in den Bahnkurven geworfener Körper, die von beliebigen Kräften an-getrieben werden, irgendeine Eigenschaft des Maximums oder Minimums vorhanden sein muß; welches aber diese Eigenschaft sei, ist aus meta-physischen Prinzipien nicht so leicht abzuleiten; da aber diese Kurven selbst nach direkter Methode bestimmt werden können, so wird man bei gebührender Aufmerksamkeit das, was in ihnen Maximum oder Minimum ist, erschließen können." Dann folgt aber doch eine wohl metaphysisch zu nennende Erörterung der Wahl des Wirkungselements $v\,ds$. „Hauptsächlich ins Auge zu fassen ist die aus den wirkenden Kräften entstehende Wirkung. Da diese in der Bewegung des Körpers besteht, so scheint es der Wahrheit angemessen, daß diese Bewegung selbst oder besser die Gesamtheit aller dem geworfenen Körper innewohnenden Bewegungen ein Minimum sein müsse. Wenngleich dieser Schluß nicht hinreichend sicher zu sein scheint, so wird er doch, wenn ich seine Übereinstimmung mit der schon a priori erkannten Wahrheit nachgewiesen haben werde, ein solches Gewicht gewinnen, daß alle Zweifel, die hinsichtlich seiner entstehen könnten, verschwinden. Und wahrlich, wenn die Wahrheit dieses Schlusses nachgewiesen sein wird, so wird es leichter sein, die inneren Gesetze der Natur und die Zweck-ursachen zu erforschen, und jene Behauptung mit festen Vernunfts-gründen zu bestätigen."

Zur Einführung des Wirkungselements folgt noch die Bemerkung, mv sei die Quantität der Bewegung; mit ds multipliziert gibt sie $mv\,ds$ als Gesamtbewegung des Punktes auf der unendlich kleinen Strecke ds.

---

1) O euvres, Bd. XI S. 315.

Offenbar bewegt sich Euler in dieser Abhandlung, die übrigens vor Maupertuis' angeblicher Entdeckung fertiggestellt und selbstverständlich von ihr unabhängig ist, vollkommen im Gedankenkreise der Leibnizischen Teleologie, wie wir sie zu verstehen suchten; besonders ist an die oben (VI) erwähnte Stelle aus dem Briefwechsel mit Johann Bernoulli zu erinnern. Neu ist außer der mathematischen Zurichtung der Aufgabe das Streben, das Prinzip durch solche Ergebnisse, die schon anderweitig bekannt sind, zu rechtfertigen. Doch liegt auch dies dem Leibnizischen Gedanken von den beiden wissenschaftlichen Methoden nahe, die sich ja immer auf eine bestimmte Erscheinung beziehen und natürlich dasselbe Ergebnis erzielen. Man sieht: Euler, der später so scharf gegen die Leibnizische Monadologie streitet, steht ganz auf dem Boden der Leibnizischen Teleologie.

3. Noch deutlicher kommt die Lehre von den zwei Methoden zum Ausdruck in der Abhandlung de curvis elasticis, die ebenfalls der Methodus inveniendi beigefügt ist. Sie bietet ein schönes Beispiel der naiv klaren, man möchte sagen durchaus aufklärerischen Art, wie Euler die Prinzipienfragen behandelt. Er bohrt weniger tief und weniger mit eigener Kraft als Leibniz, dessen Grundgedanken er einfach übernimmt; er stellt aber die Methode, mit den allgemeinen Prinzipien an die Einzelfälle heranzugehen und greifbare Erfolge zu erzielen, in das hellste Licht. Sein eigentliches Feld sind natürlich nicht die allgemeinen philosophischen Gedanken, die er vielleicht im Herzen wie einst Theodor von Kyrene für $\psi i \lambda o \iota$ $\lambda \acute{o} \gamma o \iota$ hält; er steht vielmehr mit beiden Füßen in der Welt der konkreten Einzelaufgaben und ist Meister der mathematischen Technik. Aber das Bedürfnis, sich über die Methode klar zu werden und sich auszusprechen, führt ihn immer wieder zu allgemeinen philosophischen Aufstellungen. Hören wir, wie er die Theorie der elastischen Kurve einleitet.

„Schon längst haben einige der hervorragendsten Mathematiker anerkannt, daß die in diesem Werke dargestellten Methoden nicht allein für die Analysis höchst brauchbar sind, sondern daß sie auch zur Lösung physischer Aufgaben ein höchst ergiebiges Hilfsmittel darbieten. Da nämlich die ganze Weltordnung die vollkommenste und vom weisesten Schöpfer hergestellt ist, geschieht nichts in der Welt, worin nicht ein Verhältnis des Größten oder Kleinsten hervorleuchte; deshalb ist kein Zweifel daran möglich, daß alle Naturwirkungen aus Zweckursachen nach der Methode des Größten und Kleinsten ebenso gut zu bestimmen sind wie aus den wirkenden Ursachen selbst. Von dieser Tatsache gibt es aber so hervorragende Musterbeispiele, daß es zur Bestätigung der Wahrheit keiner weiteren Beispiele bedarf; vielmehr muß man die vollendende Arbeit darauf richten, daß in jeder Art naturwissenschaftlicher Fragen die Größe aufgesucht werde, die den größten und kleinsten Wert erreicht, ein Geschäft, das mehr zur Philosophie als zur Mathematik zu gehören scheint. Da also ein doppelter Weg offen steht, die Naturwirkungen zu erkennen, der eine durch die wirkenden Ursachen, der die direkte Methode genannt zu werden pflegt, der andre durch Zweckursachen, so benutzt der Mathematiker beide mit gleichem Erfolg. Wenn nämlich die wirkenden Ursachen allzu verborgen liegen, die Zweckursachen sich aber unserer Erkenntnis weniger entziehen, so pflegt man die Frage nach der indirekten Methode zu lösen; dagegen wird die direkte Methode angewandt, wenn es möglich ist, die Wirkung aus den wirkenden Ursachen abzuleiten. Vor allem aber ist darauf zu achten, daß durch beide Wege der Zugang zur Lösung eröffnet werde; so wird nicht nur die eine Lösung durch die andere bestätigt, sondern aus der Übereinstimmung beider gewinnen wir das höchste Vergnügen. So ist die Krümmung eines aufgehängten Seils oder einer Kette auf doppelten Wege heraus gebracht, auf dem einen a priori aus den Antrieben der Schwere, auf dem anderen nach der Methode des Größten und Kleinsten, weil man ja einsah, daß das Seil eine solche Gestalt annimmt, daß der Schwerpunkt möglichst tief liegt. Ähnlich ist die Krümmung der Lichtstrahlen, die ein Mittel von veränderlicher Dichte durchsetzen, ebensowohl a priori zu bestimmen, wie auch aus dem Prinzip, daß sie in der kürzesten Zeit an den gegebenen Ort gelangen müssen. Sehr viele ähnliche Beispiele sind von den berühmten Forschern Bernoulli und anderen beigebracht, durch welche sowohl die Methode zur Lösung a priori wie auch die Kenntnis der wirkenden Ursachen die größten Zuwüchse gewonnen hat."

„Obwohl also nach diesen so zahlreichen und vorzüglichen Musterbeispielen kein Zweifel übrig bleibt, daß in allen krummen Linien, welche die Lösung der physisch-mathematischen Aufgaben liefert, die Eigenschaft irgendeines Größten oder Kleinsten ihren Platz finden muß, so wird doch oft dieses Maximum oder Minimum sehr schwer erkannt, selbst wenn es möglich gewesen ist, die Lösung a priori herauszubringen."

Hier liegen die vielfachen Übereinstimmungen mit Leibniz besonders klar zutage. So stehen z. B. Maximum und Minimum gleichwertig nebeneinander, abweichend von Maupertuis' metaphysischem Ökonomieprinzip, für das das Minimum wesentlich ist. Wie bei Leibniz ist das Streben lebendig, das allgemeine Prinzip zur Lösung von Einzelaufgaben zu benutzen und dadurch erst fruchtbar zu machen. Wenn die Resultate der Einzelaufgaben bei Euler als Bestätigungen des Prinzips angesehen werden, so können wir an den Leibnizischen Gedanken der Harmonie zwischen den Reichen der Kraft und der Gnade, der Effizineten und der Finalen denken.

Die Auffindung des richtigen Ausdrucks für das Wirkungselement aus dem Erfolg, den man mit ihm erreicht, kann anderseits auch an die modernen Verallgemeinerungen des Wirkungsprinzips erinnern, bei denen man zu nichtmechanischen Gebieten wie der Elektrodynamik oder der Wärmemechanik übergeht; hier kann von einer sozusagen philosophischen Deduktion des Wirkungselements, wie sie Leibniz und Euler für *vds* geben, nicht mehr die Rede sein, und einzig entscheidet der Erfolg. Faßt man auf diese Weise erhaltene Formen des Prinzips zusammen, so bleibt eigentlich nur die Form der Maximums-Minimumsaufgabe, und die Größe, deren Extrem man sucht, erscheint stets in der Form eines längs des Weges oder längs der verbrauchten Zeit erstreckten Integrals. Wir haben schon darauf hingewiesen, daß man gerade in dieser unbestimmten Form des Prinzips den allgemeinsten teleologischen Gedanken Leibnizens wieder erkennen kann (III).

Zu beachten ist endlich noch, daß bei Euler das Lieblingsbeispiel Leibnizens, die Krümmung des Lichtstrahls nach dem verallgemeinerten Fermatschen Prinzip als Beispiel der Methode der Zweckursachen vorkommt. Gegenüber dem dynamischen Wirkungsprinzip liegt ein Unterschied insofern vor, als dieses, wie Euler es formuliert, zu einer bestimmten Angabe über die Krümmung der Bahn eines bewegten Massenpunktes führt, während bei der optischen Aufgabe der Strahl, dessen Krümmung ermittelt wird, keineswegs als Bahn eines Teilchens aufgefaßt wird. Auch ist die ganze Abhandlung de curvis elasticis, deren Einleitung wir ausgeschrieben haben, nicht einer dynamischen Aufgabe gewidmet, sondern der statischen, die Gestalt einer elastischen Feder aus dem statischen Prinzip der kleinsten oder größten potentiellen Energie abzuleiten, das die Gleichgewichtslagen von Massensystemen kennzeichnet. Hier kann man wieder an moderne Verallgemeinerungen denken, auf die wir noch zurückkommen. Bei Kirchhoff werden aus einem passend formulierten Wirkungsprinzip nicht die Bewegungen sondern die Spannungszustände eines elastischen Körpers abgeleitet[1]); bei Einstein[2]) ergeben sich in derselben Weise die kennzeichnenden Zustandsgleichungen des Gravitationsfeldes. Also nicht nur in der Art der Erscheinungen, sondern auch in der begrifflichen Form geht das, was hier als Wirkungsprinzip bezeichnet wird, über das Schema der Punktdynamik hinaus, gerade so wie die Finalursachen bei Leibniz und Euler.

VIII.

Nach allem, was uns jetzt von Leibniz und Euler vorliegt, können wir über Maupertuis kurz hinweggehen, obwohl er immer noch, besonders in französischen Schriften, als Urheber des Prinzips der kleinsten Wirkung bezeichnet wird. Seine Darstellungen des Prinzips, deren erste zwar vor

---

1) Vorlesungen über math. Physik. Mechanik. Elfte Vorlesung.
2) Die Grundlagen der Relativitätstheorie, 1916. § 15.

der Veröffentlichung aber nach der Abfassung der Eulerschen, von der wir sprachen, erschienen ist, haben gegenüber jenen großen Denkern nur Verschlechterungen gebracht, und er hat es auf dem Gewissen, daß Euler in betrüblicher menschlicher Schwäche einige durchaus minderwertige Abhandlungen über unser Prinzip geschrieben hat, in denen er sein eigenes weit überwiegendes Verdienst aus Liebedienerei gegen Maupertuis verschweigt.

Maupertuis' Gedanken sind ein schwacher Nachhall der Leibnizischen Teleologie. Den Begriff der Wirkung und die Form des Wirkungselements entnimmt er Leibniz. Daß gerade dieses Element die Größe liefert, deren Extremum die Bewegung eines Punktes charakterisiert, hatte unabhängig von Maupertuis, wie wir sahen, schon Euler ausgesprochen und dadurch die öffentlich vorliegenden Gedanken Leibnizens ergänzt und in exakter Weise auf Beispiele angewandt, während es bei Maupertuis an korrekt durchgeführten Beispielen gänzlich fehlt; nur ein Hinweis auf das alte Fermat-Leibnizische Extremum der Optik sowie auf Stoßvorgänge kommt vor. Um sein Prinzip zu einem Beweis für das Dasein Gottes zu gestalten, faßt er es als ein Ökonomieprinzip mit wesentlicher Bevorzugung des Minimums auf, so daß er auch hiermit nur eine schwächere Auflage der Leibnizischen Gedanken liefert, bei denen die göttliche Weisheit nicht viel anderes bedeutet als ein exaktes methodisches Prinzip der Naturwissenschaft. Im naturwissenschaftlichen Zeitalter hat man beide, Leibniz und Maupertuis, ohne viel Verständnis für philosophische Gesichtspunkte, etwas schulmeisterlich wegen „Vermischung mathematischer Begriffe und Gedankenwege mit supernaturalistischen" getadelt.[1]

Planck[2] kennzeichnet die Stellung Maupertuis' mit folgenden Worten: „Das eigentliche Verdienst von Maupertuis bestand vielmehr darin, daß er überhaupt nach einem Minimumsprinzip suchte. Dies war der eigentlich Leitstern seiner Spekulation . . . und diesem Interesse für das Minimumsprinzip lag in letzter Linie der metaphysische Gedanke zugrunde, daß sich in der Natur das Walten der Gottheit offenbare, daß daher jedem Naturvorgang eine Absicht zugrunde liege, die auf ein bestimmtes Ziel gerichtet ist, und die dieses Ziel auf dem direkten Wege mit den tauglichsten Mitteln zu erreichen weiß. Wie unzulänglich, ja irreführend derartige teleologische Betrachtungen sein können, erkennt man am besten, wenn man bedenkt, daß in Wirklichkeit das Prinzip der kleinsten Wirkung ganz allgemein gefaßt gar kein Minimumsprinzip ist. So z. B. gilt der Satz, daß die Bahn eines auf einer Kugel frei beweglichen, keiner treibenden Kraft ausgesetzten

---

1) E. du Bois-Reymond, Maupertuis. Sitzungsberichte der Berliner Akademie 1892, S. 432.

2) Physikalische Rundblicke, S. 112.

Massenpunktes die kürzeste Verbindungslinie seiner Anfangs- und Endlage darstellt, nicht mehr, wenn die Bahn länger ist als die halbe Peripherie seines größten Kreises auf der Kugel; über die halbe Peripherie hinaus dürfte also die göttliche Voraussicht nicht mehr zu wirken imstande sein."

Die hier mit Recht gerügten Fehler der Teleologie sowie die grob anthropomorphe Auffassung werden bei Leibniz und Euler vermieden; in ihren Händen ist die Teleologie ein sicherer Führer zu dem richtigen Prinzip und seinen konkreten Anwendungen.

Man versteht wohl Maupertuis am besten, wenn man ihn, den Polyhistor und geistvollen Popularphilosophen, dem modernen Begriff des Kulturphilosophen unterordnet. Hier ist offenbar verwirklicht, was heutzutage nicht selten verlangt wird: es soll auch die Mathematik kulturphilosophisch behandelt werden. Hoffen wir, daß den Maupertuisischen Bestrebungen der Gegenwart ein ebenso heiterer geistiger Scharfrichter erstehe, wie es Voltaire für den lebendigen Maupertuis gewesen ist.

Ein wahrhaft trauriges Bild bieten die späteren Abhandlungen Eulers über das Wirkungsprinzip dar[1]); eine so klägliche Herabwürdigung einer großen eigenen Leistung mag in der Geschichte der Wissenschaft kaum vorgekommen sein.

In der ersten der zitierten Abhandlungen wird der Begriff der Aktion ganz frei gefaßt; es wird nach der Größe gesucht, deren Minimum bei Aufgaben, deren Lösung man auch anderweitig angeben kann, ebenfalls die Lösung liefert, hauptsächlich bei statischen Aufgaben; dabei läßt sich trotz aller Liebedienerei vor dem Akademiepräsidenten Maupertuis das mathematische Talent des großen Forschers nicht bändigen; er gibt eine Fülle mathematisch interessanter Entwicklungen, die zu dem gehören, was man neuerdings das umgekehrte Problem der Variationsrechnung nennt: ein Integral zu finden, dessen Extrem auf eine gegebene Kurve führt. Nach dem der Streit mit König losgebrochen ist, kommt es hauptsächlich darauf an, das Wirkungsprinzip bei Leibniz unmöglich zu machen, und da wird z. B. in dem Brief an Merian als Hauptverdienst von Maupertuis gepriesen, daß er das Wirkungselement vds gefunden habe. Auch in den andern Abhandlungen ist hauptsächlich von dem statischen Minimumsprinzip die Rede, das z. B. in der Abhandlung Harmonie ... auf ganz oberfläch-

---

1) Recherches sur les plus grands et les plus petits qui se trouvent dans les actions des Forces, Histoire de l'académie de Berlin 1748, S. 150.

Réflexions sur quelques loix générales de la nature qui s'observent dans les effets des forces, Hist. 1748, S. 182. Harmonie entre les principes généraux de repos et de mouvement de M. de Maupertuis, Hist. 1751, S. 169. Sur le principe de la moindre action, Hist. 1751, S. 199.

liche Weise mit dem dynamischen Wirkungsprinzip in Verbindung gesetzt wird. Die Leibnizische Teleologie, deren Verbindung mit der exakten Dynamik Euler selbst auf das schönste hergestellt hat, wird völlig verschwiegen; es wird ängstlich betont, daß Eulers eigene Entwicklungen in der Abhandlung de motu projectorum nur a posteriori, nicht a priori gegeben seien, wie die große Entdeckung des verehrten Präsidenten. Auch wird mehrfach das Minimum vor dem Maximum bevorzugt, was dem Wesen der Sache und den eigenen älteren Gedanken von Leibniz und Euler widerspricht. Die Polemik gegen den unglücklichen König ist ganz rabulistisch; kurz, der große Mann bietet ein trauriges Schauspiel moralischer Schwäche, die auch die Qualität seiner wissenschaftlichen Arbeit schwer schädigt. So geht es, wenn ein großer Gelehrter zugleich ein kleinlicher und ängstlicher Haus- und Familienvater ist. Freilich, sein Sohn Johann Albert wurde nach einigen Jahren Mitglied der Berliner Akademie.

IX.

Planck[1]) vergleicht das Prinzip der kleinsten Wirkung mit dem der Energie. Das Gemeinsame beider ist die allgemeine Gültigkeit; wir haben gesehen (III), daß auch Leibniz gelegentlich das Energieprinzip, soweit er es kennt, seiner Teleologie unterordnet. Das Unterscheidende in der Anwendung beider Prinzipien liegt darin, daß das Wirkunsgprinzip genügend viele Gleichungen ergibt, um die Bewegung oder den Feldzustand zu kennzeichnen, während das Energieprinzip immer nur eine Gleichung liefert, die neben den anderweitig zur Charakterisierung der Bewegung oder des Zustandes benötigten Gleichungen nebenher geht. Eine weitere gemeinsame Eigentümlichkeit beider Prinzipien ist ihre Unbestimmtheit in gewissem Sinne. Der Energiesatz sagt: es gibt bei jedem Erscheinungsgebiet eine durch den jeweiligen Zustand bestimmte Größe, die Energie, die sich bei jeder Veränderung gegen die entsprechende Größe eines andern Erscheinungsgebietes, das mit dem ersten in Wechselwirkung steht, nach der Regel der Erhaltung umsetzt: was der einen Energieart verloren geht, wächst, nach einem gewissen Tarif, dem Äquivalenzsatze, umgerechnet, der andern Energieart zu, sofern man sich in einem abgeschlossenen, keinen äußeren Wirkungen unterworfenen System von Körpern und Erscheinungen befindet; wirken äußere Kräfte, so wächst deren Arbeitsleistung als Energiebetrag der Energie des Systems zu. Eine Energieart wird unmittelbar definiert, die mechanische Energie; wenn Stoffpunkte unter der Wirkung gegebener Kräfte stehen, ist sie die Arbeitsleistung dieser Kräfte bei Verschiebung der Punkte. Das mechanische Kraftfeld, in welchem z. B. bei

---

1) Physikalische Rundblicke, S. 104.

der Verschiebung eines Punktes und Vermehrung seiner rechtwinkligen Koordinaten um dx, dy, dz, d. h. um unendlich kleine Strecken die Arbeit $Xdx + Ydy + Zdz$ geleistet wird, mit X, Y, Z als Funktionen des Ortes des Punktes, ist ein elementarer Begriff, der zweckmäßigerweise unmittelbar postuliert wird; Kraft im Sinne der neueren Mechanik ist dann nicht Bewegungsursache oder dgl., sondern einfach die Strecke mit den Komponenten X, Y, Z, und Arbeit ist das logische Prius gegenüber der Kraft. Die Schwere liefert das erste maßgebende Beispiel für die Begriffe Arbeit und Kraft; erstere ist die Hebung eines Gewichts. Ebenso leicht und bestimmt ist die Arbeitsleistung bei der Newtonschen Gravitation im Planetensystem auszurechnen. Bei diesen und ähnlichen Vorgängen setzt sich die Arbeitsleistung nach dem Erhaltungsgesetze in lebendige Kraft um; $\frac{1}{2}mv^2$ ist die lebendige Kraft eines Stoffpunktes von der Masse m und der Geschwindigkeit v; jedem Stoffpunkt kommt eine Konstante m zu, die man, die Arbeit als gegeben vorausgesetzt, geradezu aus der Energiegleichung bestimmen, durch sie definieren kann. Das empirische Element des Massenbegriffs liegt dann darin, daß sich bei allen Versuchsanordnungen zum Umsatz der Arbeit in lebendige Kraft stets derselbe Wert von m ergibt; die Fallvorgänge zeigen die Zweckmäßigkeit der Begriffsbildung, wenn einmal die Feldarbeit so wie es schon Leibniz getan hat, definiert ist.

Bringt man ein anderes Erscheinungsgebiet, das thermische z. B. oder das elektromagnetische mit dem mechanischen in Verbindung, so fordert das Energieprinzip, daß in dem neuen Gebiet eine Größe, die thermische oder elektromagnetische Energie, gefunden werde, die bei einer dem mechanischen und dem andern Gebiet gemeinsamen Erscheinung sich gegen die mechanische Energie nach dem Erhaltungssatze und nach einem gewissen Äquivalenzsatze umsetzt. Wie aber die Energie in dem neuen Erscheinungsgebiete zu definieren ist, dafür gibt es keine allgemeinen Regeln; das Energieprinzip leistet hier nichts. Hier haben wir das Analogon der schon bei Euler und im Grunde auch bei Leibniz erkennbaren Unbestimmtheit des Wirkungsprinzips. Dieses fordert, sowie wir über die Punktmechanik hinausgehen, die Definition einer gewissen als Wirkung zu bezeichnenden Größe, die durch ihre Extreme oder ausgezeichneten Werte den Verlauf einer gewissen Erscheinungsgruppe richtig ergibt; entsprechend wie sich bei der Definition neuer Energiearten das Erhaltungsgesetz als tatsächlich richtig ergeben mußte.

Daß Leibniz gelegentlich beide Prinzipien unter einen gemeinsamen Gesichtspunkt bringt, liegt daran, daß beide ihm seine Lieblingsthese stützen sollen, daß in der Welt noch außer der hohen Materie ein geistiges Prinzip wirksam sei.

X.

Das Euler-Leibnizische Prinzip der kleinsten Wirkung wandelt seinen genaueren Inhalt schon innerhalb der Mechanik, indem an Stelle des Wirkungselements $mv\,ds$ oder einer Summe von solchen ein allgemeines Element $H\,dt$ tritt; das alte Wirkungsprinzip geht in das Hamiltonsche über. Dabei ist dt das Zeitelement, H die Differenz zwischen kinetischer und potentieller Energie. Erstere ist die Summe aller lebendigen Kräfte des betrachteten Massensystems, letztere wird eine durch den Zustand des Systems bestimmte Größe Φ, die dadurch definiert ist, daß $-\,d\Phi$ die Arbeitsleistung der wirkenden Kräfte ist bei der durch d angedeuteten Verschiebung des Massensystems. Das Prinzip in der neuen Form verlangt, daß die infinitesimale Summe der Elemente $H\,dt$, mathematisch geschrieben

$$\int H\,dt$$

über irgendein Zeitintervall erstreckt ein Extremum werde oder wenigstens einen im Leibnizischen Sinne ausgezeichneten Wert habe, wenn man das Integral bildet längs der wirklichen Bewegung, gegenüber den Werten, die es bei fingierten Bewegungen längs gewisser Nachbarbahnen des Massensystems in demselben Zeitintervall erhält. Die Nachbarbahnen gehen aus der wirklichen durch gewisse näher zu definierende „virtuelle" Verschiebungen der bewegten Massen hervor.

Hieran schließt sich die Form des Hamiltonschen Prinzips, bei der man sich nicht auf ein in sich geschlossenes System beschränkt, sondern äußere Kräfte zuläßt. Sind $q_1, q_2, \ldots$ die unabhängigen Variablen, die die möglichen Lagen des Massensystems im Raume bestimmen, und ist $Q_1\delta q_1 + Q_2\delta q_2 + \cdots = \alpha$ die Arbeit der äußeren Kräfte bei einer Verschiebung des Systems, die q_1 in $q_1 + \delta q_1$, q_2 in $q_2 + \delta q_2$ überführt usf., so lautet jetzt das Prinzip

$$\delta\int H\,dt + \int \alpha\,dt = 0,$$

wobei δ allgemein dem Zuwachs bei der soeben angegebenen virtuellen Verschiebung bedeutet, und in beiden Integralen über denselben Zeitraum zu integrieren, d. h. zu summieren ist; nach Helmholtz kann man diese Gleichung in der Form

$$\text{(A)} \qquad \delta\int (H + Q_1 q_1 + Q_2 q_2 + \cdots)\,dt = 0$$

schreiben, indem man festsetzt $\delta Q_1 = \delta Q_2 = \cdots = 0$. Die fingierten Bewegungen durch die Lagen, die den Werten $q_1 + \delta q_1$, $q_2 + \delta q_2, \ldots$ entsprechen, gehen hier wie oben im spezielleren Falle zwischen derselben Anfangs- und Endlage wie die natürliche Bewegung, so daß in diesen Lagen $\delta q_1 = \delta q_2 = \cdots = 0$ zu setzen ist.

Wir kommen auf die Form (A) bei der Relativitätstheorie zurück. Sie

3*

ist diejenige, an die Helmholtz denkt, wenn er in der schon erwähnten schönen und schwungvollen akademischen Rede[1]) die Bedeutung unseres Prinzips feiert. Die Größe H heißt das kinetische Potential; nur in der Punktmechanik ist sie, wie oben bemerkt, von vornherein als Differenz der Beträge der beiden Energiearten bestimmt; in allen anderen Gebieten, auf die das Prinzip durch Helmholtzens großzügige Arbeiten[2]) über die physikalische Bedeutung des Prinzips der kleinsten Aktion übertragen wird, ist immer die erste Aufgabe, die Form des kinetischen Potentials so zu bestimmen, daß die anderweitig schon als gültig erkannte Form der Bewegung des betrachteten Körpersystems richtig herauskommt. Das gemeinsame, der Inhalt des allgemeinen Prinzips ist nur die Form der Gleichung (A).

Im Anschluß an diese Gleichung hat Helmholtz auf die grundsätzlich wichtige Tatsache hingewiesen, daß sich das Energieprinzip aus dem der kleinsten Wirkung ableiten läßt; bei Euler wurde es als schon festgestellter Satz in der Dynamik benutzt. Helmholtz bildet aus dem kinetischen Potential H einen gewissen Ausdruck E, dessen Änderung in jedem Zeitintervall der in diesem geleisteten Arbeit der äußeren Kräfte gleich ist,

$$dE = Q_1 dq_1 + Q_2 dq_2 + \ldots,$$

woraus für ein abgeschlossenes, keinen äußeren Kräften unterworfenes Körpersystem die Erhaltungsgleichung $dE = 0$, $E = $ const. folgt.

Die merkwürdigsten Anwendungen der Gleichung (A), die Helmholtz verdankt werden, sind die Ableitung der elektromagnetischen Zustandsgleichungen aus einem Integralprinzip[3]) und die Ableitung des zweiten Hauptsatzes der Thermodynamik, in der er sich mit Boltzmann begegnet[4]), letztere in der zitierten Abhandlung über die physikalische Bedeutung. Es liegt hier eine außerordentliche Verschiedenheit in der Form des Prinzips vor; trotzdem sieht Helmholtz in der gemeinsamen Form (A) ein starkes Bindemittel der verschiedenen Erscheinungsgebiete, wie aus folgenden Worten hervorgeht: „Während der letzten Jahre haben sich meine Untersuchungen auf die Anwendungen, den Sinn und Gültigkeitsbereich eines großen allgemeinen Naturgesetzes bezogen, welches im vorigen Jahrhundert gefunden, allmählich an Wichtigkeit und in seinem Geltungsbereich gewachsen ist, nämlich das sogenannte Prinzip der kleinsten Aktion." Und wenn wir nach dem Sinn dieses allgemeinen Naturgesetzes fragen, so bleibt nichts übrig als das Streben, für jedes Erscheinungs-

---

1) **Harnack**, Geschichte der Kgl. Preuß. Akademie der Wissenschaften, Bd. II S. 282.

2) Ges. Abh., Bd. III S. 203.   3) Ges. Abh., Bd. III S. 476.

4) Vorlesungen über die Prinzipe der Mechanik, Bd. II S. 178 (1904).

gebiet eine Gleichung (A) aufzustellen, aus der nach den Methoden der Variationsrechnung Bewegungen oder Zustände abzuleiten sind.

Die Besonderheit des oben (VII) schon erwähnten Kirchhoffschen Wirkungsprinzips in der Elastizitätstheorie besteht darin, daß H schon als dreifaches Integral erstreckt über den Raum des elastischen Körpers erscheint, also etwa

$$H = \iiint H_0\, dx\, dy\, dz,$$

wobei x, y, z die rechtwinkligen Raumkoordinaten bedeuten; das Wirkungsintegral ist also ein vierfaches,

$$\int H\, dt = \iiiint H_0\, dx\, dy\, dz\, dt.$$

Ebenso soll in der schon (VII) erwähnten Einsteinschen Anwendung des Wirkungsprinzips ein vierfaches Integral von der eben angegebenen Form einen ausgezeichneten Wert annehmen.

In der speziellen Relativitätstheorie hat das Wirkungselement bei der Trägheitsbewegung eines einzelnen Massenpunktes die Form $\sqrt{(dt^2 - dx^2 - dy^2 - dz^2)}$ und es ergibt sich das hübsche Kuriosum, daß die Wirkung, positiv genommen, immer ein Maximum ist.[1]

Zusammenfassen können wir unsere Beobachtungen über die Mannigfaltigkeit der Formen des Wirkungsprinzips mit den Worten von Planck[2]: „Nun versteht sich, daß der Inhalt des Prinzips der kleinsten Wirkung erst dann einen bestimmten Sinn erhält, wenn sowohl die vorgeschriebenen Bedingungen, denen die virtuellen Bewegungen unterworfen werden müssen, als auch die charakterististische Größe, die für jede beliebige Variation der wirklichen Bewegung verschwinden soll, genau angegeben werden, und die Aufgabe, hier die richtigen Festsetzungen zu treffen, bildete von jeher die eigentliche Schwierigkeit in der Formulierung des Prinzips der kleinsten Wirkung. Aber nicht minder einleuchtend dürfte erscheinen, daß schon der Gedanke, die ganze Schar der Gleichungen, welche zur Charakterisierung der Bewegungen beliebiger komplizierter mechanischer Systeme erforderlich sind, in ein einziges Variationsprinzip zusammenzufassen, für sich allein genommen von eminenter Bedeutung ist, und einen wichtigen Schritt in der theoretischen Forschung darstellt.“

XI.

Für den mathematisch interessierten Leser entwickeln wir kurz den Zusammenhang zwischen den konkreten Erscheinungsformen des Wirkungsprinzips in der allgemeinen Dynamik, dem Leibnizischen Gedanken der

---

1) Planck, Acht Vorlesungen über theoretische Physik. Kneser, Mathematik und Natur, S. 38.

2) Planck, Physikalische Rundblicke, S. 106.

aufgehäuften lebendigen Kraft, dem Euler-Jacobischen, dem Hamilton-schen Prinzip und der Darstellung in der mehrfach erwähnten akademischen Rede von Helmholtz, in der das Wirkungsprinzip als Prinzip der kürzesten Zeit, ungefähr wie Fermats optisches Prinzip erscheint.

Hänge die Lage des betrachteten Massensystems von den Unabhängigen $q_1, q_2, \ldots$ ab, die wir unbestimmt durch q bezeichnen; $\dot{q} = dq/dt$ seien ihre Differentialquotienten nach der Zeit, die verallgemeinerten Geschwindigkeitskomponenten. Die lebendige Kraft des Systems, die wir T nennen, biete den Normalfall dar, daß sie in der Form

$$T = \tfrac{1}{2}[A_{11}\dot{q}_1{}^2 + 2A_{12}\dot{q}_1\dot{q}_2 + \cdots] = f(\dot{q})$$

also als quadratische Form der Größen $\dot{q}$ darstellbar ist, deren Koeffizienten $A_{11}, A_{12}, \ldots$ Funktionen der Größen q sind. Das System sei zunächst ohne wirkende Kräfte nur seiner Trägheit unterworfen; dann ist die lebendige Kraft T von der Zeit unabhängig, konstant $= h$, d. h.

$$(1) \qquad T = f(\dot{q}) = h, \ f(dq) = h\,dt^2, \ dt = \sqrt{\frac{f(dq)}{h}},$$

und das Leibnizische Zeitintegral der lebendigen Kraft ist

$$\int T\,dt = \int f(\dot{q})\,dt = \int \frac{f(dq)}{dt} = \sqrt{h}\int\sqrt{f(dq)}.$$

Das Extrem dieser Größe ist also, wenn auch bei den fingierten Bewegungen, die der natürlichen benachbart sind, der Wert h festgehalten wird, identisch mit dem Extrem der Größe

$$(2) \qquad \int\sqrt{f(dq)} = \sqrt{h}\int dt.$$

wobei die letzte Gleichung (1) benutzt ist. In $\sqrt{f(dq)}$ tritt die Zeit nicht explizite auf; die letzte Extremsforderung ist das Euler-Jacobische Prinzip für den vorliegenden Fall, in der Sprache der Variationsrechnung

$$\delta\int\sqrt{f(dq)} = 0.$$

Die Gleichung (2) zeigt aber, daß auch

$$\delta\int dt = 0$$

gesetzt werden kann; das ist das Fermat-Helmholtzsche Prinzip der kürzesten Zeit.

Sind wirkende Kräfte vorhanden, deren potentielle Energie Φ eine Funktion der Größen q sei, so lautet die Energiegleichung

$$T + \Phi = h, \qquad f(dq) = (h - \Phi)dt^2;$$

es ist

$$dt = \sqrt{\frac{f(dq)}{h - \Phi}},$$

die aufgehäufte lebendige Kraft ist

$$\int T\,dt = \int (h - \Phi)\,dt = \int \sqrt{h - \Phi}\,\sqrt{f\,(dq)},$$

und wenn das Extrem dieser Größe gefordert wird, kommt man auf das allgemeinere Euler-Jacobische Prinzip[1])

$$\delta \int \sqrt{h - \Phi}\,\sqrt{f\,(dq)} = 0.$$

Wesentlich ist hierbei die Voraussetzung, daß T eine quadratische Form, ein homogenes Polynom zweiten Grades ist, was z. B. bei der relativen Bewegung nicht zutrifft; hier versagt das Euler-Jacobische Prinzip, und es bleibt nur das Hamiltonsche anwendbar.

Der allgemeine Zusammenhang dieses letzteren mit dem Euler-Jacobischen Prinzip liegt mathematisch tiefer. Das Hamiltonsche Prinzip lautet

$$\delta \int (T - \Phi)\,dt = 0,$$

wobei zwischen festen, d. h. nicht nach δ variierten Zeitpunkten integriert wird. Aus ihm ergeben sich die Bewegungsgleichungen in der von Lagrange in seiner analytischen Mechanik angegebenen Form. Sie seien erfüllt; variiert man dann die im Hamiltonschen Prinzip unter dem Zeichen δ stehende Größe in allgemeinerer Weise als bisher, indem man auch die obere Zeitgrenze t um δt wachsen läßt; hält man ferner die Voraussetzung fest, T sei eine quadratische Form $f(\dot{q})$, so ergibt die Variationsrechnung

$$(3) \qquad \delta \int (T - \Phi)\,dt = -(T + \Phi)\,\delta t = -h\,\delta t,$$

die Variationen $\delta q_1, \delta q_2, \ldots$ sind dabei, wie immer beim Hamiltonschen Prinzip, als an den Grenzen verschwindend vorausgesetzt. Nun gibt die Energiegleichung

$$\Phi = h - T, \qquad T - \Phi = 2T - h,$$

also folgt nach (3) $\qquad \delta \int (2T - h)\,dt = -h\,\delta t$

und da offenbar $\qquad \delta \int h\,dt = h\,\delta t$

ist, ergibt sich $\qquad \delta \int T\,dt = 0$

oder nach der Energiegleichung

$$\delta \int (h - \Phi)\,dt = 0.$$

Führt man hier wieder den oben gebrauchten Wert

$$dt = \sqrt{\frac{f\,(dq)}{h - \Phi}}$$

ein, so folgt $\qquad \delta \int \sqrt{h - \Phi}\,\sqrt{f\,(dq)} = 0$

d. h. die Euler-Jacobische Gleichung, in der t verschwunden ist und so variiert wird, wie es die gewöhnliche Aufgabe der Variationsrechnung verlangt.[2])

Doch kehren wir zu formelfreien Erwägungen zurück!

---

1) Jacobi, Vorlesungen über Dynamik, Werke, Supplementband S. 43.
2) Kneser, Lehrbuch der Variationsrechnung, zweite Auflage, S. 391.

XII.

Wir fassen noch einige ganz neue wissenschaftliche Gedankenreihen, die sich auf Einsteins allgemeine Relativitätslehre beziehen, ins Auge, um sie dem Rahmen der oben (X) durchgeführten Betrachtungen einzuordnen. Wenn dabei auch von Entwicklungsstadien der Relativitätslehre die Rede ist, die bei der äußerst schnellen Entwicklung der modernen Physik von ihren Urhebern schon wieder verlassen sind, so dürfte das dadurch zu rechtfertigen sein, daß methodisch und erkenntnistheoretisch die ältere Theorie ebenso viel Interesse verdient wie die neuere, von der jene vielleicht schon überwunden ist.

Nach der Aufstellung der allgemeinen Relativitätstheorie des Gravitationsfeldes handelte es sich darum, mit diesem die elektromagnetischen Erscheinungen derart in Verbindung zu bringen, daß beide Arten von Erscheinungen in der Entfaltung einer einzigen Gedankenreihe gleichzeitig auftreten; dabei ist man immer auf die Form des Wirkungsprinzips zurückgekommen, unwillkürlich, möchte man sagen; jedenfalls findet sich nirgends eine methodisch-systematische Begründung dafür. Hilbert[1]) versucht, das Wirkungsprinzip, aus dem nach Einstein die Gravitationserscheinungen folgen, durch Hinzufügung eines neuen Gliedes im Ausdruck des Wirkungselements zu ergänzen, um dadurch die Grundgleichungen der elektromagnetischen Erscheinungen unter die Folgen des Wirkungsprinzips mit einzubeziehen. Weyl[2]) geht in der ersten Darstellung seiner demselben Ziel wie die Hilbertsche zustrebenden Theorie von einem Wirkungsprinzip aus, dessen Wirkungsgröße durch formale Forderungen, die an sie gestellt werden, charakterisiert wird. Später ist das Wirkungsprinzip bei Weyl in gewissem Sinn durch den Begriff des affinen Zusammenhangs ersetzt; es ist interessant zu beobachten, wie Einstein[3]) in einer Abhandlung, die eine neue Fassung der Relativitätstheorie bringen soll und in ihrem Endergebnis gegen Weyl und Eddington gerichtet ist, ganz ohne weiteres mit den Worten „es liegt nahe" auf die Bestimmung einer Hamiltonschen Funktion, d. h. des Elements des Wirkungsintegrals, losgeht, als ob diese Methode die selbstverständliche wäre. Und Weyl spricht in der zitierten Abhandlung nach mathematischer Definition des Äthers die monumentalen Worte: „Die wirkliche Welt ist eine solche, deren Äther sich im Zustande extremaler Wirkung befindet." Die relativistischen Forscher weichen nur leider von Leibniz insofern ab, als sie nicht, nach dessen oft wiederholter Mahnung, das allgemeine Prinzip zur Lösung spezieller Aufgaben zu ver-

---

1) Göttinger Nachrichten, 1915.   2) Math. Zeitschrift, Bd. II S. 410.
3) Eddingtons Theorie und Hamiltonsches Prinzip, Anhang zu Eddington, Relativitätstheorie in mathematischer Behandlung (1925), S. 367.

wenden, greifbare Beispiele durchrechnen, sondern von der Höhe ihrer ungeheuren Allgemeinheit herab künftigen Forschergenerationen überlassen, zu zeigen, wie man besondere Naturvorgänge den allgemeinen Prinzipien unterordnen und mit ihrer Hilfe behandeln kann.

Methodisch interessant ist noch, daß einer der konsequenten Systematiker der Relativitätstheorie, Eddington[1]), davon spricht, das Wirkungsprinzip sei in dem behandelten Gebiete gewissermaßen falsch. Ein solcher Satz ist nicht ganz verständlich, wenn man bedenkt, daß das Wirkungsprinzip im Grunde nur eine methodische Regel, eine Maxime im Kantischen Sinne bedeutet, die also nicht wahr oder falsch sondern höchstens zweckmäßig oder unzweckmäßig sein kann. Eine genauere Prüfung zeigt, was gemeint ist. Eddington sagt, „daß die Wirkung nur dann stationär ist, wenn der Energietensor verschwindet, d. h. also im leeren Raum. So ist also die Wirkung nur dann stationär, wenn sie nicht existiert, und selbst dann nicht immer." Hier ist aber im wesentlichen nur gemeint, daß, wie in der Helmholtzschen Gleichung (A), dem Wirkungsintegral ein ergänzendes Glied hinzugefügt wird, das den Einfluß der Materie auf das Gravitationsfeld darstellt. Eddingtons Worte bedeuten dasselbe wie wenn man in der gewöhnlichen Dynamik sagen wollte: das Wirkungsprinzip ist nur richtig in Systemen von Massen, auf die keinerlei äußere Kräfte einwirken.

Interessant ist ferner die bei den modernen Physikern zu beobachtende Tendenz, der zunächst rein formal gebildeten Wirkungsgröße eine Art physikalischer Realität zuzuschreiben; das Plancksche Wirkungsquantum, eine Größe von der Dimension und Definitionsweise des Eulerschen Wirkungselements, ist eine numerisch angebbare Naturkonstante. Wenn demgemäß die Maxime des Wirkunsprinzips zu einem Naturgesetz hypostasiert wird, wie es schon bei Helmholtz bemerkt wurde, so läuft das wohl einigermaßen der Kantischen Erkenntnistheorie zuwider, die immer darauf aus ist, angebliche Substanzen in Methoden aufzulösen und als solche zu erkennen oder nach Cassirers[2]) treffendem Ausdruck: „Alle dinglichen Beschaffenheiten der Welt verwandeln sich in methodische Eigentümlichkeiten der Erfahrung."

Aber vielleicht kann der Widerstreit, ob Maxime oder Naturgesetz, dadurch gelöst werden, daß man sagt, beim Naturgesetz liegt immer neben oder vielleicht vor der inhaltreichen Aussage eine maximenartige Forderung vor, wie es beim Energiegesetz nach unserer früheren Betrachtung (IX) zutage tritt: es fordert nach bestimmter Maxime, nach bestimmter praktischer Regel eine Begriffsbildung, die Bildung spezieller Energiebegriffe,

---

1) Relativitätstheorie in mathematischer Behandlung (1925), S. 207.
2) Das Erkenntnisproblem, Bd. II S. 611.

die dann erst die Aussage, den Erhaltungssatz möglich machen. Das kategoriale Gewebe, das nach Bauch[1]) dem Naturgesetz zugrunde liegt, muß mit konkretem Inhalt erfüllt werden, um die ganz konkrete Aussage möglich zu machen; dasselbe Gewebe muß immer wieder an scheinbar verschiedene Erscheinungen herangebracht werden, um das Naturgesetz immer vollständiger zu bewähren. Darin liegt vielleicht die Forderung eines bestimmten Wirkungselements oder einer bestimmten Energieart. Bei den einfachen Naturgesetzen, die in Form einer unmittelbaren Aussage auftreten, ist jenes Gewebe vielleicht schon so greifbar durch die Erscheinungen oder die Geschichte der Begriffsentwicklung gegeben, daß es nur einer eindringenden kritischen Analyse als besonderer Bestandteil erscheint. In dieser Auffassung mag es denkbar erscheinen, zwischen dem Prinzip der kleinsten Wirkung und den gewöhnlichen Naturgesetzen nur einen Gradunterschied zu statuieren.

Was übrigens die Hypostasierung der Wirkung, ihre Auffassung als eine Art Substanz in der modernen Atomphysik[2]) betrifft, so ist diese Disziplin in rasend schneller Entwicklung begriffen und erlebt die schwersten Umkippungen, wie Kant es nennen würde, wobei sogar das Kausalgesetz bisweilen für einige Zeit abgeschafft wird. Es ist daher wohl noch nicht an der Zeit, hier eine erkenntniskritische Sonde anzulegen.

XIII.

Wenn wir von der technischen Seite des Prinzips der kleinsten Wirkung, der durchgängigen Anwendung der Variationsrechnung absehen, und den allgemeinsten Inhalt desselben kennzeichnen wollen, so ist auf eine Eigenheit hinzuweisen, die, wenn wir nicht irren, manchen Physiker unsympathisch berührt, und die doch zum tiefsten Wesen der Sache gehört: die Bewegung, der Zustand, den wir suchen und finden, wird durch künftige, also nachfolgende Zustände mitbestimmt. Darin liegt, so modern und so mathematisch wir die Sache auch fassen mögen, zweifellos eine Erinnerung an die Teleologie, die manchem Naturforscher als der Gipfel des mittelalterlich metaphysischen Unsinns gilt, besonders weil er leicht an die grob anthropomorphe Fassung denkt, die, wie wir sahen (VIII), Maupertuis von modernen Autoren zum Vorwurf gemacht wird. Die Sache liegt tatsächlich so, daß in der Wirkungsgleichung (A) z. B., die ganze gesuchte Bewegung über ein endliches Zeitintervall, etwa von t_0 bis t_1 erstreckt, benutzt wird, um die Bewegung oder den Zustand an einer Zeitstelle t zu definieren, die zwischen t_0 und t_1 liegt, $t_0 < t < t_1$. Die zukünftigen Bewegungen sind im

---

1) Das Naturgesetz, Heft I dieser Sammlung, S. 20.
2) Sommerfeld, Atombau und Spektrallinien (1922), S. 46 und passim.

Ausspruch des Prinzips das logische Prius des gegenwärtigen Bewegungszustandes oder Zustandes überhaupt. Dieser wird festgestellt im Rahmen der Gesamtheit aller, auch der zukünftigen Zustände, die einer Zeitstrecke angehören, die von der Vergangenheit in die Zukunft hinüberreicht. In der Kirchhoffschen Form des Wirkungsprinzips für elastische Körper (VII, X) wird der Zustand an irgendeiner Raumzeitstelle definiert durch die Gesamtheit der Zustände in einer gewissen vierdimensionalen Raumzeitmannigfaltigkeit, die jene Stelle umfaßt, übrigens in ihrer Begrenzung in hohem Grade willkürlich bleibt. Demgegenüber ist die gewöhnliche Auffassung bei den wirkenden Kräften, den Effizienten nach Leibniz, diese: aus dem zu einer beliebigen Zeit gegeben gedachten Zustande des betrachteten Körpersystems wird seine zukünftige Bewegung erschlossen, letztere wird durch erstere definiert und völlig bestimmt. Das logische Prius für die zukünftige Bewegung bildet nur die Vergangenheit oder der aus ihr schon bestimmt folgende gegenwärtige Zustand.

Hier wird nun der Naturforscher, ohne allgemeine Grundsätze heranziehen zu können, entscheiden müssen, ob er die Zukunft zur Definition des Gegenwartszustandes voraussetzen will oder nicht; es ist eine höhere Geschmacksfrage. Zwischen den beiden Methoden der Effizienten und Finalen dürfte keine allgemein begründete Wertunterscheidung möglich sein. Auch bei Leibniz wird zwischen den beiden Reichen der wissenschaftlichen Methode nach keinen andern Grundsätzen ein Wertunterschied gemacht als nach der Zweckmäßigkeit für die Lösung der jeweils vorliegenden Einzelaufgabe; nur hebt Leibniz gern hervor, daß die Methode der Finalen, d. h. das Wirkungsprinzip, eben auch sehr zweckmäßig sei.

Machen wir uns die Sache klar durch genaue Betrachtung eines Einzelbeispiels, der Fallbewegung in der Wurfparabel. Die Natur der Bahn wird durch eine Differentialgleichung definiert, konkreter ausgedrückt die Krümmung der Bahn ist eine bestimmte Funktion des Ortes und der Richtung. Diese Abhängigkeit ergibt das Wirkungsprinzip in der Euler-Jacobischen Form auf folgende Weise. Sei A der Anfangspunkt, B der Endpunkt eines Bogens der gesuchten Bahnstrecke, die wir uns schon gefunden denken, entsprechend etwa der Analysis bei einer geometrischen Konstruktionsaufgabe. Man betrachtet nun längs des Bogens AB die rein geometrisch zu definierende Wirkungsgröße, im vorliegenden Falle $\sqrt{x}\,ds$, wenn x der vertikale Abstand von einer gewissen horizontalen Geraden, und ds wie gewöhnlich das Bogenelement bedeutet. Die infinitesimale Summe aller dieser Wirkungselemente auf der Strecke von A bis B, d. h. das Integral

$$\int \sqrt{x}\,ds$$

hat folgende Eigenschaft. Ersetzt man die gesuchte, gefunden gedachte

Kurve AB durch einen benachbarten Bogen mit denselben Endpunkten, so ist die Änderung jenes Integrals, natürlich in einem technisch-mathematisch genauer zu definierenden Sinne, gleich Null. Daraus ergibt sich rein mathematisch für die Krümmung des Bogens AB an jeder Stelle eine Bestimmung der oben angegebenen Art, also eine Differentialgleichung der Bahnkurve. An einer Stelle C, die auf der Bahnkurve zwischen A und B liegt, wird aber die Krümmung nur dadurch gefunden, daß man sich gestattet, mit dem Gesamtverlauf der Kurve von A bis B gedanklich zu operieren, diesen Gesamtverlauf für den Augenblick gefunden zu denken und zur Ausrechnung der Gesamtwirkungsgröße auf dem Bogen AB zu benutzen. Dabei wird natürlich der Verlauf der Kurve auch auf der Strecke CB, die zeitlich auf C folgt, als bekannt vorausgesetzt, um den Zustand der Bahnlinie im Punkte C zu definieren. Hier sieht man das Wesen derjenigen Teleologie, die in der Wissenschaft seit Leibnizens Zeit lebendig geblieben ist. Man darf wohl sagen, daß bei dieser Methode der Zusammenhang aller möglichen Ereignisse vollständiger im Wirkungsprinzip zur Geltung kommt als bei der Methode der wirkenden Kräfte, der Effizienten; Vergangenheit und Zukunft greifen enger ineinander als bei der gewöhnlichen kausalen Auffassung, wo die Vergangenheit als das allein Maßgebende, als das alleinige logische Prius der Gegenwart und der jetzt beginnenden Zukunft erscheint.

Planck[1]), der ebenfalls die hier erörterte Eigentümlichkeit des Wirkungsprinzips berührt, hat darauf hingewiesen, daß das Bedenken des Physikers, die Methode der Effizienten zu verlassen, weniger ins Gewicht fällt bei der speziellen Relativitätstheorie, da hier die Begriffe der Vergangenheit und Zukunft relativiert werden, d. h. alles gegenüber der Lorentztransformation invariant sein soll, die unter Umständen Vergangenheit und Zukunft vertauscht.

In der allgemeinen Relativitätstheorie von Einstein nach der Fassung des Jahres 1916[2]) wird ein Hamiltonsches Prinzip benutzt, um gewisse charakteristische Eigenschaften der Größen abzuleiten, die ein Gravitationsfeld bestimmen, und zwar so, daß das Gravitationsfeld gewisse formale Eigenschaften besitzt, die sich an den Begriff der Kovarianz knüpfen; diese Eigenschaften drücken sich in Gleichungen aus, die man aber auch nach den Methoden der Variationsrechnung aus einem Integralprinzip herleiten kann. Hier hat es natürlich kein Bedenken, einen ganzen Raumzeitbereich zugrunde zu legen, in welchem man das Gravitationsfeld als gefunden ansieht; die Gleichungen, die man sucht, stellen ja nicht ein räumlich-zeitlich bestimmtes Ereignis sondern einen Komplex von Eigen-

---

1) Physikalische Rundblicke, S. 108, 116.
2) Die Grundlage der allgemeinen Relativitätstheorie, S. 44 § 15.

schaften dar. In den neueren Fortbildungen der Relativitätstheorie erscheinen Wirkungsprinzipien, deren Folgen einen ähnlichen mathematischen Charakter zeigen wie diejenigen des Kirchhoffschen Wirkungsprinzips (VII) in der Elastizitätstheorie.

Wenn allerdings Planck die Wendung gebraucht, daß das Prinzip der kleinsten Wirkung „in der modernen Einsteinschen Theorie der Relativität, welche so zahlreiche physikalische Theoreme ihrer Universalität beraubt hat, nicht nur Gültigkeit behält, sondern unter allen physikalischen Gesetzen die höchste Stelle einzunehmen geeignet ist", so kann dies nur für die spezielle Relativitätstheorie gelten; in der allgemeinen würde der Auffassung unseres Prinzips als physikalisches Gesetz die soeben besprochene Eigentümlichkeit des einen der in der Relativitätslehre angewandten Prinzipien entgegenstehen.

XIV.

Den soeben durchgeführten Betrachtungen über das logische Prius versuchen wir, einen Ort in der Kantischen Erkenntnistheorie anzuweisen. Eine gewisse Analogie bietet sich darin dar, daß auch bei Kants Deduktion des Kausalbegriffs der künftige Zustand, die Folge als logisches Prius erscheint, daß das Kausalverhältnis durch die Gesamtreihe erklärt wird, der Ursache und Folge in einer gewissen idealen Ordnung, eben in ihrer durch einen Verstandesbegriff festgelegten Folgeordnung, angehören.

Dies kommt zunächst in den Prolegomenen[1]) bei der Formulierung des Kausalgesetzes zum Ausdruck: „das Gesetz, daß, wenn eine Begebenheit wahrgenommen wird, sie jeder Zeit auf etwas, was vorhergeht, bezogen werde, worauf sie nach einer Regel folgt." Zu beachten ist, daß die Definition mit der Folge beginnt. Deutlicher wird der Sachverhalt an einer hochklassischen Stelle der Kritik der reinen Vernunft, im dritten Abschnitt des Systems der reinen Verstandsbegriffe, Analogien der Erfahrung, zweite Analogie.[2]) Die Überschrift des Abschnittes lautet: „Alle Veränderungen geschehen nach dem Gesetz der Verknüpfung der Ursache und Wirkung;" die Tendenz ist, die Zeitfolge durch die Kausalverknüpfung zu objektivieren.

„Von dem folgenden Zeitpunkt geht keine Erscheinung zu dem vorigen zurück, aber bezieht sich doch auf irgendeinen vorigen; von einer gegebenen Zeit ist dagegen der Fortgang auf die bestimmte folgende notwendig. Daher, weil es doch etwas ist, was folgt, so muß ich es notwendig auf etwas anderes überhaupt beziehen, was vorhergeht, und worauf es

---

1) Prolegomena zu jeder künftigen Metaphysik, § 17.
2) Kr. d. r. V., S. 195, 198.

nach einer Regel, d. i. notwendigerweise folgt, so daß die Begebenheit als das Bedingte auf irgendeine Bedingung sichere Anweisung gibt, diese aber die Begebenheit bestimmt. . .“

„Wenn ich also wahrnehme, daß etwas geschieht, so ist in dieser Vorstellung erstlich enthalten, daß etwas vorhergehe, weil eben in Beziehung auf dieses die Erscheinung ihr Zeitverhältnis bekommt, nämlich nach einer vorhergehenden Zeit, in der sie nicht war, zu existieren. Aber ihre bestimmte Zeitstelle in diesem Verhältnisse kann sie nur dadurch bekommen, daß im vorhergehenden Zustande etwas vorausgesetzt wird, worauf sie jederzeit, d. h. nach einer Regel folgt; woraus sich dann ergibt, daß ich erstlich nicht die Reihe unkehren und das, was geschieht, demjenigen voransetzen kann, worauf es folgt; zweitens, daß, wenn der Zustand, der vorhergeht, gesetzt wird, diese bestimmte Begebenheit unausbleiblich und notwendig folge. Dadurch geschieht es: daß eine Ordnung unter unsern Vorstellungen wird, in welcher das Gegenwärtige (sofern es geworden) auf irgendeinen vorhergehenden Zustand Anweisung, als ein obzwar noch unbestimmtes Korrelatum dieses Ereignisses, das gegeben ist, welches sich aber auf dieses als seine Folge bestimmend bezieht und sie notwendig mit sich in der Zeitreihe verknüpft“ . . .

„Zu aller Erfahrung und deren Möglichkeit gehört Verstand, und das erste, was er dazu tut, ist nicht, daß er die Vorstellung der Gegenstände deutlich macht, sondern daß er die Vorstellung eines Gegenstandes überhaupt möglich macht. Dieses geschieht nun dadurch, daß er die Zeitordnung auf die Erscheinungen und deren Dasein überträgt, indem er jeder derselben als Folge eine in Ansehung der vorhergehenden Erscheinungen a priori bestimmte Stelle in der Zeit zuerkennt, ohne welche sie nicht mit der Zeit selbst, die allen ihren Teilen a priori ihre Stelle bestimmt, übereinkommen würde. Diese Bestimmung der Stelle kann nun nicht von dem Verhältnis der Erscheinungen gegen die absolute Zeit entlehnt werden (denn die ist kein Gegenstand der Wahrnehmung), sondern umgekehrt: die Erscheinungen müssen einander ihre Stellen in der Zeit selbst bestimmen und dieselbe in der Zeitordnung notwendig machen, d. i. dasjenige, was da folgt oder geschieht, muß nach einer allgemeinen Regel auf das, was im vorigen Zustande enthalten war, folgen; woraus eine Reihe der Erscheinungen wird, die vermittelst des Verstandes eben dieselbige Ordnung und stetigen Zusammenhang in der Reihe möglicher Wahrnehmungen hervorbringt und notwendig macht, als sie in der Form der inneren Anschauung (der Zeit), darin alle Wahrnehmungen ihre Stelle haben müßten, a priori angetroffen wird.“

Beachten wir etwa im ersten dieser wuchtigen Absätze die Worte: „die Erscheinung bezieht sich auf den vorherigen Zeitpunkt,“ im zweiten, daß

„das gegenwärtige auf einen vorhergehenden Zustand Anweisung gibt", im dritten die Ordnung der Erscheinungen als bestimmendes Moment, der Einzelerscheinung, so können wir wohl sagen, daß überall der erste Begriff, mit dem gearbeitet wird, die Folgeerscheinung, nicht die vorhergehende ist, die gewissermaßen erst von jener aus konstruiert, durch die folgende bestimmt wird. Der Kausalbegriff erhält so, wenn man näher zusieht, eine gewisse teleologische Färbung; das vorhergehende richtet sich nach dem folgenden, und so bekommt die ganze Reihe der kausal verknüpften Ereignisse, Orte, Zustände etwas zielstrebiges, das an jene oben besprochene Stellung des späteren Ereignisses als logisches Prius des früheren erinnert, die wir als ein wesentliches Moment in der Leibnizischen Methode der Finalen erkannt haben. Der Ton liegt bei Kant, wenn wir genau hinhören, nicht auf dem logischen Übergang vom zeitlich ersten zum zweiten, sondern vom zweiten als Ziel zum ersten, das ihm zustrebt. Endlich erscheint die Ordnung, die durch die kausalen Folgeverhältnisse der Einzelereignisse bestimmt wird, als wesentliches Moment zur Bestimmung der Einzelereignisse, zu ihrer Realisierung; ein besonderes Ereignis fordert zu seiner Objektivierung im Kantischen Sinne die Einordnung in eine Reihe, die sowohl vorhergehende wie nachfolgende Ereignisse enthält. Darin dürfen wir ein Analogon sehen zu der Grundvorstellung jedes Integralprinzips, bei der man immer mit einer ganzen stetigen Reihe von Lagen oder Zuständen logisch beginnt, und mit ihr zunächst operiert, wenn man den gesuchten Satz aussprechen will.

Ausdrücklich findet man, das muß bekannt werden, weder in der Kritik der reinen Vernunft noch in den Prolegomenen noch in den Metaphysischen Anfangsgründen der Naturwissenschaft einen Hinweis auf die mathematisch-physikalische Teleologie im Sinne Leibnizens. Das wird erklärlich, wenn wir mit Cohen in Kant den konsequenten Newtonianer sehen, dem die Teleologie in den Einzelaufgaben, die bei Newton nicht vorkommt, vielleicht fremd und unsympathisch geblieben ist. Cohen und Natorp, die sich ja erkenntniskritisch wesentlich an den genannten drei klassischen Werken orientieren, scheinen auf die Frage der Teleologie in unserem Sinne nicht eingegangen zu sein. Allenfalls finden wir bei Natorp[1]) eine Stelle, die an die Kantische Ordnung erinnert, die dem Einzelnen Halt gibt: er spricht von der „Notwendigkeit, das Wirkliche auf einzige Art bestimmt zu denken; also muß es jedenfalls bezogen werden auf eine in einziger Art bestimmte Ordnung der miteinander in einer Natur zusammenstehenden Erscheinungsreihen".

Den tiefsten Zusammenhang der Teleologie oder sagen wir geradezu des Prinzips der kleinsten Wirkung mit der Kantischen Gedankenwelt

---

1) Logische Grundlagen der exakten Wissenschaften, S. 72.

gewinnen wir erst, wenn wir uns der Kritik der Urteilskraft zuwenden, und zwar unter der Führung des hervorragenden Neukantianers Stadler[1]), der uns dann auch wieder die Zusammenhänge mit der Kritik der reinen Vernunft, und zwar der transzendentalen Dialektik und Methodenlehre bloßlegen wird. Der für die exakten Wissenschaften eminent bedeutsame Kantische Begriff der formalen Zweckmäßigkeit der Natur, auf den wir alsbald eingehen werden, wird bei Natorp in dem zitierten Werke nicht erwähnt. Die neukantische Erkenntnistheorie hat wohl die auf ihrem eigenen Gebiet in dem Werke Stadlers entsprungene reiche Quelle der Belehrung bisher nicht genügend ausgeschöpft.

XV.

Als einen bedeutsamen Zug im Wesen des Prinzips der kleinsten Wirkung haben wir erkannt seine Unbestimmtheit, die verschiedene Form bei der Anwendung auf verschiedene Einzelgebiete der Forschung, wobei doch ein gewisses gemeinsames Element bleibt, das einigermaßen unbestimmt ist und mathematisch formalen Charakter trägt. Das Prinzip stiftet auf diese Weise eine gewisse formale Einheit zwischen den verschiedenen Gebieten, so sehr diese sich im übrigen voneinander trennen. Bei der Helmholtz-Boltzmannschen Anwendung des Prinzips auf die Thermodynamik (X) ist vielleicht eine gewisse Tendenz wirksam, die Wärmevorgänge mittels des Begriffs der verborgenen Bewegungen mechanisch zu deuten. Dagegen bei der Anwendung auf die Elektrodynamik, wie Helmholtz sie vollzieht (X), bleibt die Trennung von der allgemeinen Dynamik vollkommen; die allgemeine Form des Wirkungsprinzips und die von ihm geforderten mathematischen Operationen sind das einzige, allerdings ein bedeutsames Bindeglied zwischen beiden Gebieten. Noch fremdartiger stehen diesen Erscheinungsgebieten die Anwendungen des Prinzips in der relativistischen Gravitationstheorie gegenüber (XII); der Sinn der aus dem Prinzip folgenden Aussagen ist hier bisweilen von völlig anderer begrifflicher Struktur als dort. In allen Fällen kann aber doch dem Prinzip eine gewisse Tendenz zur Vereinigung zugeschrieben werden; denken wir daran, wie Helmholtz und Planck dasselbe sogar als einheitliches Naturgesetz auffaßten. Merkwürdig ist dabei, aber mit den Gedankengängen der letztgenannten beiden Forscher übereinstimmend, daß der Naturforscher, wenn er das Prinzip anwendet, dies nicht weiter zu motivieren pflegt, sondern mit dem Vertrauen beginnt, daß ein Erfolg zu gewinnen sein dürfte; er hofft also stillschweigend, daß die verschiedenen Erscheinungsgebiete in dem angegebenen Sinne etwas Gemeinsames darbieten werden.

---

1) Kants Teleologie und ihre erkenntnistheoretische Bedeutung. Berlin 1874.

In vielen Fällen ist auch das neue Gebiet, dem man sich mit dem Prinzip zuwendet, noch nicht voll angebaut und soll erst erforscht werden; dabei dient dann das Prinzip als ein heuristischer Leitfaden; als besonders auffallendes Beispiel können die Untersuchungen von Weyl und Eddington gelten, wo die elektromagnetischen Erscheinungen mit denen der Gravitation in Verbindung gebracht werden sollen (XII).

Die hier geschilderten Tendenzen lassen sich nun den von Kant in der Kritik der Urteilskraft und der später veröffentlichten ersten Einleitung[1]) dazu entwickelten Begriffsbildungen unterordnen, nämlich dem Prinzip der reflektierenden Urteilskraft und der formalen Zweckmäßigkeit der Natur. Wir müssen uns diese Kantischen Begriffe klar machen und folgen dabei der Führung Stadlers, der das Verdienst hat, die erkenntnistheoretischen Teile der genannten beiden Schriften von ihrer Verquickung mit ästhetischen und moralischen Untersuchungen vollständig gelöst und ihre Verbindung mit der Kritik der reinen Vernunft klar gelegt zu haben. Auch von dem für die Biologie bedeutsamen Begriff der objektiven Zweckmäßigkeit, der für uns nicht in Betracht kommt, sind jene Begriffe bei Stadler klar abgesondert. Für den Fortgang der erkenntnistheoretischen Untersuchung war es nötig, gerade das zu zerstören, was Goethe an der Kritik der Urteilskraft fesselte, das gemeinsame Schema, unter das Organisches und Unorganisches, Natur und Kunst gebracht waren, aus Rücksicht auf einen gewissen schulmäßigen Formalismus.

Was wir soeben am Prinzip der kleinsten Wirkung im einzelnen verfolgt haben, fällt unter die allgemeineren Begriffe der Einheit und Mannigfaltigkeit der Welt. Elemente dieser Mannigfaltigkeit sind nicht mehr, wie in der Kritik der reinen Vernunft bei Einführung der Verstandesbegriffe, Anschauungen, Eindrücke und Kategorien sondern Vorgänge, Erscheinungen, in denen die Anschauungen schon durch das eherne Band der Verstandesbegriffe zusammengefaßt und als Einzelbestandteile der Erfahrung festgelegt sind. Also von verschiedenen physikalischen Theorien, von mechanischen Vorgängen, Wärmeerscheinungen, elektromagnetischen Feldern ist die Rede, zwischen denen man nach irgendeiner Methode Einheit stiften will, um eine Gesamtnatur zu begreifen. Wir begeben uns nach der Kantischen Terminologie vom Gebiet des Verstandes auf das der Vernunft, wo die Idee im Kantischen Sinne herrscht.

---

1) Erste Einleitung in die Kritik der Urteilskraft, hrsg. von L e h m a n n Philos. Bibliothek, Nr. 39 b. Wir zitieren Erste Einl. Zuerst vollständig in Kants Werken, hrsg. von C a s s i r e r, Bd. II; unvollständig unter dem Titel Philosophische Abhandlung in den älteren Ausgaben, z. B. R o s e n k r a n z und S c h u b e r t , Bd. I. Die Kritik der Urteilskraft zitieren wir unter Kr. d. U. nach der Reclamschen Ausgabe.

Der Gedanke nun, daß die Natur in gewissem Sinne einheitlich sein muß, um begreiflich zu sein, wird von Kant mittels des Begriffs der Urteilskraft formuliert, den wir uns zunächst erklären lassen müssen.[1])

„Urteilskraft überhaupt ist das Vermögen, das Besondere als enthalten unter dem Allgemeinen zu denken. Ist das Allgemeine (die Regel, das Prinzip, das Gesetz) gegeben, so ist die Urteilskraft, welche das Besondere darunter subsumiert, . . . bestimmend. Ist aber nun das Besondere gegeben, wozu sie das Allgemeine finden soll, so ist die Urteilskraft bloß reflektierend." Letztere strebt also einem Allgemeinen zu, ohne mit Sicherheit einen eindeutig definierten Weg vor sich zu sehen; sie wird die verschiedenen Möglichkeiten suchen und vergleichen müssen. Bemerken wir noch, daß das bei Kant so häufig begegnende Wort „Vermögen" nicht ein Seelenvermögen bedeutet, das von der Psychologie zu untersuchen wäre, sondern ohne allen psychologischen Beigeschmack eine logische Methode, die zur Begründung einer wissenschaftlichen Erfahrung nötig ist.

Dies vorausgeschickt verstehen wir nun die grundlegenden Worte[2]) Kants von „einer Erfahrung als System nach empirischen Gesetzen. Denn obzwar diese nach transzendentalen Gesetzen, welche die Bedingung der Möglichkeit der Erfahrung überhaupt enthalten, ein System ausmacht, so ist doch von empirischen Gesetzen eine so unendliche Mannigfaltigkeit und eine so große Heterogeneität der Formen der Natur, die zur besonderen Erfahrung gehören, möglich, daß der Begriff von einem System nach diesen (empirischen) Gesetzen dem Verstande ganz fremd sein muß, und weder die Möglichkeit, noch weniger aber die Notwendigkeit eines solchen Ganzen begriffen werden kann. Gleichwohl bedarf die besondere durchgehends nach beständigen Prinzipien zusammenhängende Erfahrung auch diesen systematischen Zusammenhang empirischer Gesetze, damit es für die Urteilskraft möglich werde, das Besondere unter das Allgemeine, wiewohl immer noch Empirische, und so fortan bis zu den obersten empirischen Gesetzen und den ihnen gemäßen Naturformen zu subsumieren, mithin das Aggregat besonderer Erfahrungen als System derselben zu betrachten; denn ohne diese Voraussetzung kann kein durchgängig gesetzmäßiger Zusammenhang, das ist empirische Einheit derselben, stattfinden."

Wenn nun die Urteilskraft reflektierend vom Besonderen zu einem Allgemeineren, das noch zu suchen oder doch auszusuchen ist, aufsteigen will, ist es nötig, daß[3]) „für die Beurteilung und Nachforschung der Natur ein Prinzip gegeben wird, um zu besonderen Erfahrungen die allgemeinen Gesetze zu suchen, nach welchem wir sie anzustellen haben, um jene systematische Verknüpfung herauszubringen, die zu einer zusammenhängenden

---

1) Kr. d. U., S. 16.   2) Erste Einl., S. 10.   3) Erste Einl., S. 11.

Erfahrung notwendig ist, und die wir a priori anzunehmen Ursache haben". Und dieses Prinzip der reflektierenden Urteilskraft ist gewissermaßen nur das Vertrauen auf den eigenen Erfolg.[1] „Das Prinzip der Reflexion über gegebene Gegenstände der Natur ist, daß sich zu allen Naturdingen empirisch bestimmte Begriffe finden lassen, welches ebenso viel sagen will, als daß man allemal an ihren Produkten eine Form voraussetzen kann, die nach allgemeinen für uns erkennbaren Gesetzen möglich ist. Denn dürften wir dies nicht voraussetzen und legten unserer Behandlung der empirischen Vorstellungen dieses Prinzip nicht zugrunde, so würde alles Reflektieren bloß aufs Geratewohl und blind, mithin ohne gegründete Erwartung ihrer Zusammenstimmung mit der Natur angestellt werden." Hier klingt das Wort „Vorstellungen" etwas zu speziell; gemeint sind, wie der ganze Zusammenhang zeigt, Erscheinungen, die schon verstandesmäßig bearbeitet und kategorial gebunden sind, oder Erscheinungsgebiete, die wir oben als Material der Einheitsbestrebungen gekennzeichnet haben; es handelt sich um Zusammenstimmung von Naturgesetzen; und es ist klar, daß Alles, was wir oben über das Einheitsstreben des Prinzips der kleinsten Wirkung gesagt haben, hier zu subsumieren ist. Das in ihm lebendige Prinzip der Vereinheitlichung ist das Kantische Prinzip der reflektierenden Urteilskraft.

XVI.

Worauf beruht nun die Präsumption, daß dieses Prinzip Erfolg hat, daß es gelingen muß, das Aggregat der Naturerscheinungen in ein System zu verwandeln? Es liegt eben ein transzendentales Prinzip vor, durch das eine Erfahrung, wie wir sie fordern müssen, überhaupt erst möglich wird; das ist ja der klassische Sinn des Wortes transzendental. Objektiv gewandt beruht diese Präsumption auf einer Eigenschaft der Natur, die wir mit Kant ihre f o r m a l e Z w e c k m ä ß i g k e i t nennen, wohl zu unterscheiden von einer objektiven Zweckmäßigkeit, die für die Biologie und den Begriff des Organismus bedeutsam ist, uns aber hier nicht interessiert.

Cassirer[2] weist darauf hin, daß nach dem Sprachgebrauch des 18. Jahrhunderts das Wort Zweckmäßigkeit, wie es bei Kant gebraucht wird, gleichbedeutend ist mit Harmonie. Der Gedanke des bewußt zweckhaften, von einer Intelligenz absichtlich erzeugten, muß natürlich fern gehalten werden. Der alte Sprachgebrauch nimmt die Zweckmäßigkeit in einem weiteren Sinne: er sieht in ihr den allgemeinen Ausdruck für jede Zusammenstimmung der Teile eines Mannigfaltigen zu einer Einheit, gleichviel auf welchen Gründen diese Zusammenstimmung beruhen und aus welchen Quellen sie sich herschreiben mag. In diesem Sinne stellt das Wort nur

---

1) Erste Einl., S. 18.   2) Kants Leben und Lehre, S. 307.

die Umschreibung und die deutsche Wiedergabe desjenigen Begriffs dar, den Leibniz innerhalb seines Systems mit dem Ausdruck der „Harmonie" bezeichnet hatte. Ein Ganzes heißt „zweckmäßig", wenn in ihm eine solche Gliederung der Teile statt hat, daß jeder Teil nicht nur neben dem andern steht, sondern daß er in seiner eigentlichen Bedeutung auf ihn abgestimmt ist.

Cassirer verweist weiter auf das monadologisch aufgefaßte Universum bei Leibniz als Beispiel zu diesem Begriff der Harmonie; man kann wohl auch auf die bei Leibniz oft hervorgehobene Übereinstimmung der beiden Methoden der Effizienten und der Finalen (V) hinweisen als Beispiel einer besonderen Naturharmonie, insofern beide bei jeder Einzelaufgabe schließlich dasselbe Resultat ergeben müssen. Auch die allgemeine Eigenschaft der Naturvorgänge, daß immer der ausgezeichnete Fall eintritt, ist zweifellos in Leibnizens Sinne eine große besondere Harmonie, wie denn überhaupt die Naturharmonie nicht eine ist, sondern sich auf verschiedene große Reihen von Erscheinungen, Begriffen, Methoden bezieht; die Glieder einer Reihe harmonieren unter sich, die Reihen aber weisen untereinander zunächst keine systematische Beziehung auf. Und dies alles gilt genau ebenso von der Kantischen formalen Zweckmäßigkeit der Natur.

Aber wenn wir von diesem Begriff immer wieder Gebrauch machen wollen, erhebt sich eine ernste Frage[1]): „Wer sagt uns, daß wir in der unermeßlichen Mannigfaltigkeit der Dinge eine genügende Verwandtschaft antreffen werden, um sie unter Klassen und allgemeinere Gesetze überhaupt bringen zu können? Wer lehrt uns, daß die Natur zu jedem Objekte noch viele andere als Gegenstand der Vergleichung, so daß sie mit jenem gemeinsame Merkmale besitzen, wirklich aufzuzeigen habe? Jedenfalls nicht die formale Logik.[2]) Ja, „es läßt sich wohl denken, daß ungeachtet aller der Gleichförmigkeit der Naturdinge nach den allgemeinen Gesetzen, ohne welche die Form eines Erfahrungserkenntnisses überhaupt gar nicht stattfinden würde, die spezifische Verschiedenheit der empirischen Gesetze der Natur samt ihren Wirkungen dennoch so groß sein könnte, daß es für unsern Verstand unmöglich wäre, in ihr eine faßliche Ordnung zu entdecken, ihre Produkte in Gattungen und Arten einzuteilen, um die Prinzipien der Erklärung und des Verständnisses des Einen auch zur Erklärung und Begreifung des andern zu gebrauchen und aus einem für uns so verworrenen (eigentlich nur unendlich mannigfaltigen, unserer Fassungskraft nicht angemessenen) Stoffe eine zusammenhängende Erfahrung zu machen." „Daraus[3]) geht hervor, daß die Anwendung der Logik auf die Natur nur unter der Bedingung möglich ist, daß die Natur in ihrer empi-

---

1) S t a d l e r, Kants Teleologie, S. 30.   2) Kr. d. U., S. 24.
3) S t a d l e r, Kants Teleologie, S. 31.

rischen Mannigfaltigkeit eine gewisse unserer Urteilskraft angemessene Sparsamkeit und eine für uns faßliche Gleichförmigkeit beobachtet habe. Wenn also die reflektierende Urteilskraft auf Erfolg hoffen will, so muß sie diese Bedingung als Voraussetzung all ihrer Reflexion zugrunde legen. So gelangt die Urteilskraft zu einem eigenen Prinzip, welchem man folgende Fassung geben kann"[1]):

„Die Natur spezifiziert ihre allgemeinen Gesetze in empirischen, gemäß der Form eines logischen Systems zum Behufe der Urteilskraft."

„Eine weitere Analyse", so fährt Stadler fort, „dieses Prinzips ergibt, daß es auf einem sehr merkwürdigen Begriffe beruht. Indem wir nämlich die Natur als qualifiziert zu einem logischen System ansehen, setzen wir die Form der Natur in Beziehung zu unserer Fassungskraft; wir betrachten sie, als ob in ihrer Gestaltung eine Rücksicht auf unser Verstehen sich geltend mache. Dadurch schieben wir aber der Form der Natur einen Begriff oder Plan unter, nach welchem sie entstanden wäre, nämlich den Begriff von ihrer Angemessenheit an unsere Erkenntniskraft. Nun heißt aber ein Begriff, welcher der Entstehungsgrund seines Gegenstandes ist, Z w e c k und die Übereinstimmung der Form eines Gegenstandes mit der durch jenen Begriff geforderten Beschaffenheit Zweckmäßigkeit. Das Prinzip der reflektierenden Urteilskraft, nach welchem sie sich die Natur gleichsam als zu ihrem eigenen Bedarfe entworfen denkt, fällt also zusammen mit der Vorstellung einer f o r m a l e n Z w e c k m ä ß i g k e i t der Natur in ihrer Mannigfaltigkeit. Damit ist aber nichts weiter gesagt, als daß die Urteilskraft die Natur so vorstelle, als ob ein Begriff der Grund der Einheit ihrer mannigfaltigen empirischen Gesetze sei. So entspringt bei Kant der Begriff der Naturzweckmäßigkeit mitten in erkenntnistheoretischen Untersuchungen und wird dargetan als d i e p h i l o s o p h i s c h e Fassung d e r H y p o t h e s e v o n d e r B e g r e i f l i c h k e i t d e r N a t u r."

In diesen Ausführungen Stadlers, die seines großen Gegenstandes und Vorbildes, der Kantischen Kritik der Urteilskraft durchaus würdig sind, ist nur, wie schon bei einer früheren Gelegenheit (XV) Kant selbst gegenüber geschehen mußte, die psychologische Fassung einiger Kunstausdrücke zu beanstanden oder doch zu deuten. Erkenntniskraft, Verstehen, Fassungskraft, das alles ist nicht als Zustand oder Vorgang in der Seele des Einzelmenschen aufzufassen, sondern als Methode oder als Kraft der Methode, nach der eine Wissenschaft von der einheitlichen Natur aufgebaut werden soll und muß. Nicht Natur und Menschenseele, sondern Natur und transzendentale Methode stehen einander gegenüber und sollen in ihrer Wechselwirkung begriffen werden; vielleicht auch, wie wir beim Begriff

---

1) Erste Einl., S. 23.

der Leibnizischen Harmonie gesehen haben, steht Methode gegen Methode
vor dem Hintergrunde der Natur.

Alles aber, was wir gehört haben, ist genauere Fassung und logische
Analyse der Hypothese von der Begreiflichkeit, für die Helmholtz[1]) die
klassische Form geprägt hat: „jedenfalls ist klar, daß die Wissenschaft,
deren Zweck es ist, die Natur zu begreifen, von der Voraussetzung ihrer Begreiflichkeit ausgehen müsse." Unter diese unbestimmte Fassung fällt freilich auch der Aufbau der Einzelerscheinung aus sinnlicher Anschauung und
Verstandesbegriff; die schulmäßig geformte Kantische Erkenntniskritik
scheidet die Sphäre des Verstandes von der Vernunft, der das uns beschäftigende Prinzip der Urteilskraft angehört. In jener aber, im gewöhnlichen
Wirkungskreis der transzendentalen Methode, finden wir nach Kant als
Analogon die Affinität der Natur zur Welt der Verstandesbegriffe[2]),
ohne die keine Einzelerfahrung, ja nicht einmal die Definition einer objektiv gültigen Zeitfolge möglich wäre.

XVII.

Wenn wir die Frage nach der Berechtigung unseres Vertrauens in die
formale Zweckmäßigkeit der Natur mit Kant noch etwas anders wenden
dürfen, so wird die Natureinheit notwendig gefordert werden müssen,
wenn die Erfahrung nicht Aggregat bleiben soll[3]); „denn das fordert die
Natureinheit nach einem Prinzip der durchgängigen Verbindung alles
dessen, was in diesem Inbegriff aller Erscheinungen enthalten ist. Soweit
ist nun Erfahrung überhaupt nach transzendentalen Gesetzen des Verstandes als System und nicht als bloßes Aggregat anzusehen. Daraus folgt
nicht, daß die Natur auch nach empirischen Gesetzen ein für das menschliche Erkenntnisvermögen faßliches System sei, und der durchgängige
systematische Zusammenhang ihrer Erscheinungen in einer Erfahrung,
mithin diese selber als System dem Menschen möglich sei." „Dieser[4])
transzendentale Begriff der Zweckmäßigkeit der Natur ist nun weder ein
Naturbegriff, noch ein Freiheitsbegriff, weil er gar nichts dem Objekte (der
Natur) beilegt, sondern nur die einzige Art wie wir in der Reflexion über
die Gegenstände der Natur in Absicht auf eine durchgängig zusammenhängende Erfahrung verfahren müssen, vorstellt, folglich ein subjektives
Prinzip (Maxime) der Urteilskraft, daher wir auch, gleich als ob es ein glück-
licher, unsere Absicht begünstigender Zufall wäre, erfreuet (eigentlich
eines Bedürfnisses entledigt) werden, wenn wir eine solche systematische

---

1) Erhaltung der Kraft, Ges. Abh., Bd. I S. 13.
2) Kritik der reinen Vernunft (1. Aufl.), S. 714. (Ausg. Vorländer).
3) Erste Einl., S. 15.   4) Kr. d. U., S. 22.

Einheit unter bloß empirischen Gesetzen antreffen; ob wir gleich notwendig annehmen mußten, es sei eine solche Einheit, ohne daß wir sie doch einzusehen und zu beweisen vermochten."

Hier tritt also das Prinzip der formalen Zweckmäßigkeit der unerbittlichen, aus unbekannten Tiefen auftauchenden konkreten Natur gegenüber. Das Prinzip ist sozusagen subjektiv; es ist vielleicht nach einer Kantischen Wendung mehr Petition als Postulat; ihm kommt[1]) keine Autonomie, nur eine Heautonomie zu; und nun richtet sich die Natur nach ihm. Das sind Festtage der Wissenschaft, die man nicht voraus weiß, die aber nicht ausbleiben dürfen, wenn die Wissenschaft von der Natur sich dem Endziel eines Systems nicht wenigstens asymptotisch annähern, ihm wenigstens entgegengehen soll.

Beispiele dieser in der Erkenntniskritik vorgesehenen, wir dürfen vielleicht sagen, transzendentalen Freude des Forschers sehen wir an bedeutenden Stellen. Die a priori geforderte Übereinstimmung der Leibnizischen Methoden der Effizienten und der Finalen versetzt Euler[2]) in eine gewisse Begeisterung; er konstatiert diese Übereinstimmung in seiner an sich schon auf den Mathematiker erheiternd wirkenden Weise an unzähligen Einzelaufgaben und sagt: „ex utriusque consensu summam percipimus voluptatem." Helmholtzens verhaltene Begeisterung über die weitreichende Kraft des Prinzips der kleinsten Wirkung haben wir schon (I) bemerkt; er denkt an die großartige Synthese in seinen Arbeiten über die physikalische Bedeutung des Prinzips. Und wo er das Energieprinzip verherrlichen will[3]), findet er schöne Worte der allgemeinen Selbstbesinnung, in denen die Kantische Freude aufleuchtet, die von ihm selbst geforderte Begreiflichkeit der Natur bestätigt zu finden: „Jede einzelne Tatsache für sich genommen, kann allenfalls unsere Neugierde, unser Staunen erregen oder uns nützlich sein für praktische Anwendung. Eine geistige Befriedigung gewährt erst der Zusammenhang des Ganzen durch seine Gesetzlichkeit. Wir nennen Verstand das uns innewohnende Vermögen, Gesetze zu finden und denkend anzuwenden. Für die Entfaltung der eigentlichen Kraft des reinen Verstandes nach ihrer ganzen Sicherheit und ihrer ganzen Tragweite gibt es keinen geeigneteren Tummelplatz, als die Naturforschung im weiteren Sinne, die Mathematik mit eingeschlossen. Und es ist nicht nur die Freude an der erfolgreichen Tätigkeit eines unserer wesentlichsten Geistesvermögen und der siegreichen Unterwerfung der uns teils fremden, teils feindlich gegenüberstehenden Außenwelt unter die Kräfte unseres Denkens und unseres Willens, welche diese Arbeit lohnend macht,

---

1) Kr. d. U., S. 24.   2) Methodus inveniendi, de curvis elasticis, S. 246.
3) Populäre wiss. Vorträge (1876) Heft 2, S. 141.

sondern es tritt auch eine Art, ich möchte sagen, künstlerischer Befriedigung ein, wenn wir den ungeheuren Reichtum der Natur als ein gesetzmäßig geordnetes Ganzes, als Kosmos, als Spiegelbild des gesetzmäßigen Denkens unseres eigenen Geistes zu überschauen vermögen."

Der große Forscher ist weit mehr echter Kantianer als er es später wahrhaben will. Die Gebiete des Verstandes und der nach systematischer Einheit strebenden Urteilskraft sind hier deutlich geschieden; das Prinzip der letzteren erscheint deutlich als subjektiv im Kantischen Sinne, als heautonom, wenn der Kosmos als Spiegelbild des Denkens gefordert wird. Und die künstlerische Befriedigung dürfen wir offenbar der transzendentalen Freude subsumieren. Bei Kant klingt das alles weniger schön, papieren, schulmäßig; und doch, wie unendlich wichtig und förderlich ist die schulmäßige, mit eiserner Strenge festgehaltene Scheidung der Begriffe, eine Aufgabe, die die Riesenkräfte des Philosophen so in Anspruch nimmt, daß ihm für die populäre, an sich wichtige Ausgestaltung mit Beispielen keine Zeit bleibt.

Die angedeutete Unterscheidung der Gebiete mit Bezug auf die transzendentale Freude können wir nicht besser als mit Kants Worten[1]) erläutern, in denen jene in der oben zitierten Stelle nur vorsichtig als Entledigung eines Bedürfnisses eingeführte Freude sogar als Gefühl der Lust erscheint: „Die gedachte Übereinstimmung der Natur in der Mannigfaltigkeit ihrer besonderen Gesetze zu unserm Bedürfnisse, Allgemeinheit der Prinzipien für sie aufzufinden, muß nach aller unserer Einsicht als zufällig beurteilt werden, gleichwohl aber doch für unser Verstandesbedürfnis als unentbehrlich, mithin als Zweckmäßigkeit, dadurch die Natur mit unserer, aber nur auf Erkenntnis gerichteten Absicht übereinstimmt . . . Die Erreichung jeder Absicht ist mit dem Gefühle der Lust verbunden, und ist die Bedingung der ersteren eine Vorstellung a priori, wie hier ein Prinzip für die reflektierende Urteilskraft überhaupt, so ist das Gefühl der Lust auch durch einen Grund a priori und für jedermann gültig bestimmt, und zwar bloß durch die Beziehung des Objekts auf das Erkenntnisvermögen, ohne daß der Begriff der Zweckmäßigkeit hier im mindesten auf das Begehrungsvermögen Rücksicht nimmt, und sich also von aller praktischen Zweckmäßigkeit der Natur gänzlich unterscheidet."

Hier haben wir abermals die Abweisung des anthropomorphen Zweckbegriffs, der Absicht einer Intelligenz etwa, sowie auch die Abgrenzung gegenüber der für die Biologie, die Lehre von den Organismen wichtige objektive Zweckmäßigkeit. Kant fährt fort:

„In der Tat, da wir von dem Zusammentreffen der Wahrnehmungen mit den Gesetzen nach allgemeinen Naturbegriffen (den Kategorien) nicht

---

1) Kr. d. U., S. 25ff.

die mindeste Wirkung auf das Gefühl der Lust in uns antreffen, auch nicht antreffen können, weil der Verstand damit unabsichtlich nach seiner Natur notwendig verfährt: so ist andererseits die entdeckte Vereinbarkeit zweier oder mehrerer empirischer heterogener Naturgesetze unter einem sie beide befassenden Prinzip der Grund einer sehr merklichen Lust, oft sogar einer Bewunderung, selbst einer solchen, die nicht aufhört, ob man schon mit dem Gegenstande derselben genug bekannt ist. Zwar spüren wir an der Faßlichkeit der Natur und ihrer Einheit der Abteilung in Gattungen und Arten, wodurch allein empirische Begriffe möglich sind, durch welche wir sie nach ihren besonderen Gesetzen erkennen, keine merkliche Lust mehr; aber sie ist gewiß zu ihrer Zeit gewesen und, nur weil die gemeinte Erfahrung ohne sie nicht möglich sein würde, ist sie allmählich mit dem bloßen Erkenntnisse vermischt und nicht mehr besonders bemerkt worden. — Es gehört also etwas, was in der Beurteilung der Natur auf die Zweckmäßigkeit derselben für unsern Verstand aufmerksam macht, ein Studium, ungleichartige Gesetze derselben wo möglich unter höhere, obwohl immer noch empirische Gesetze zu bringen, dazu, um, wenn es gelingt, in dieser Einstimmung derselben für unser Erkenntnisvermögen, die wir als bloß zufällig ansehen, Lust zu empfinden. Dagegen würde uns eine Vorstellung der Natur durchaus mißfallen, durch welche man uns voraussagte, daß bei der mindesten Nachforschung über die gemeinte Erfahrung hinaus wir auf eine solche Heterogeneität ihrer Gesetze stoßen würden, die die Vereinigung ihrer besonderen Gesetze unter allgemeinen empirischen für unsern Verstand unmöglich machte; weil dies dem Prinzip der subjektiven Spezifikation der Natur in ihren Gattungen und unserer reflektierenden Urteilskraft in ihrer Absicht widerstreitet."

XVIII.

Um das ganze Kantische Gedankengebäude vollständig zu übersehen, müssen wir noch die Begriffe einer Technik der Natur und der Urteilskraft und der Maximen der Urteilskraft erörtern.

Der Natur wird im Sinn ihrer formalen Zweckmäßigkeit ein gewisser Plan unterlegt, eine Absichtlichkeit, als ob sie sich nach den Einheitsbedürfnissen der Urteilskraft richten wolle. Wir betrachten also die Natur so, als ob sie nicht rein mechanisch, ohne Zwecke, sondern wie ein bewußter Künstler, künstlich, technisch verfahre, und sprechen demgemäß von einer Technik der Natur. Diese ist eigentlich nur eine Objektivierung der Technik der Urteilskraft; denn diese verfährt wirklich technisch; in ihrem Einheitsstreben sucht sie zu einer Erscheinung, einem Erscheinungsgebiete verwandte Gebiete mit dem bewußten Zweck, in irgendeiner Richtung eine

Einheit herzustellen.[1]) Im konkreten Falle der kleinsten Wirkung besteht
z. B. die der Natur untergelegte Technik darin, daß sie überall gestattet,
den Erscheinungen einen gewissen Wirkungsbegriff beizulegen, dessen
Extrem oder ausgezeichneter Wert die Erscheinung bestimmt; die wirkliche Technik der Urteilskraft ist das bewußte Suchen nach Verallgemeinerung des Wirkungsprinzips, wie wir es etwa bei Helmholtz (X) beobachten.
Die Urteilskraft verfährt allgemein technisch, d. h. nicht gleichsam bloß
mechanisch wie ein Instrument unter Leitung des Verstandes und der Sinne,
sondern künstlich nach dem allgemeinen aber zugleich unbestimmten
Prinzip — einer zweckmäßigen Anordnung der Natur in einem System,
gleichsam zugunsten unserer Urteilskraft in der Angemessenheit ihrer
besonderen Gesetze (über die der Verstand nichts sagt), zu der Möglichkeit
der Erfahrung als eines Systems, ohne welche Voraussetzung wir nicht
hoffen können, uns in dem Labyrinth der Mannigfaltigkeit möglicher besonderer Gesetze zurechtzufinden. Also macht sich die Urteilskraft selbst
a priori die Technik der Natur zum Prinzip ihrer Reflexion ohne doch dies
erklären oder näher bestimmen zu können.

Einer Technik der Natur im definierten Sinne sind wir schon im Gebiet
der Verstandesbegriffe begegnet, als wir (XIII) die Eigentümlichkeit des
Wirkungsprinzips besprachen, die Gegenwart durch die Zukunft zu bestimmen; auch hier ist das begriffliche Verfahren so, als ob man der Natur
einen Plan unterlegte zum Zweck der Bestimmung eines besonderen Zustandes, einer besonderen Bewegung. Die dort erwähnten Bedenken
mancher Physiker kann man in die Frage bringen, ob es erlaubt ist, die
Natur in der angegebenen besonderen Weise als technisch zu betrachten
oder nicht, eine Frage, die wir bis auf weiteres mit non liquet beant-
worteten.

Die Unbestimmtheit der Technik der Urteilskraft zeigt sich darin, daß
von vornherein nicht klar ist, mit welchen andern Erscheinungsgebieten
ein gegebenes in Verbindung gebracht werden kann. Praktisch aber wirkt
diese Technik sich aus in den Maximen der Urteilskraft, die sie sich je nach
Erwartung eines Erfolges, selbst gibt, und durch die sie in der unübersehbaren Mannigfaltigkeit verschiedener Richtungen einigende Bänder um
die verschiedenen Naturgebiete schlingt. „Daß[2]) der Begriff einer Zweckmäßigkeit der Natur zu den transzendentalen Prinzipien gehöre, kann
man aus den Maximen der Urteilskraft, die der Nachforschung der Natur
a priori zugrunde gelegt werden, und die dennoch auf nichts als die Möglichkeit der Erfahrung, mithin der Erkenntnis der Natur, aber nicht bloß
als Natur überhaupt, sondern als durch eine Mannigfaltigkeit besonderer

---

1) Erste Einl., S. 20, 21, 23, 26.   2) Kr. d. U., S. 20.

Gesetze bestimmten Natur gehen, hinreichend ersehen. Sie kommen als Sentenzen der metaphysischen Weisheit bei Gelegenheit mancher Regeln, deren Notwendigkeit man nicht aus Begriffen dartun kann, im Laufe der Wissenschaft oft genug, aber zerstreut vor." „Die Natur nimmt den kürzesten Weg (lex parsimoniae), sie tut gleichwohl keinen Sprung, weder in der Folge ihrer Veränderungen noch der Zusammenstellung spezifisch verschiedener Formen (lex continui in natura); ihre große Mannigfaltigkeit in empirischen Gesetzen ist gleichwohl Einheit unter wenigen Prinzipien (principia praeter necessitatem non sunt multiplicanda) und dergleichen mehr. "

Die hier erwähnte lex parsimoniae ist natürlich nicht die unklare und viel zu eng begrenzte Naturökonomie von Maupertuis; man kann sie jedenfalls völlig im Sinne Kants auffassen als das Prinzip der kleinsten Wirkung im allgemeinen Leibnizischen Sinne, der ja auch die moderne Bedeutung des Prinzips trifft; es liegt in der Natur dieser Regel, sich auf möglichst alle Naturgebiete spezialisieren zu lassen; da wir nun (XV) durchweg die formale Zweckmäßigkeit als dasjenige festgestellt haben, was das Prinzip der kleinsten Wirkung anstrebt und leistet, so dürfen wir endgültig als Beziehung unseres Prinzips zur Kantischen Urteilskraft feststellen: Das Prinzip der kleinsten Wirkung in seiner modernsten Allgemeinheit ist eine Maxime der reflektierenden Urteilskraft.

Fragen wir nun nach der Gesamtheit aller möglichen Maximen der Urteilskraft, so geraten wir ins Unendliche, in das Unbestimmte; es gibt kein System der Maximen, wie es nach Bauch[1] und Natorp[2] ein unendliches System von Kategorien gibt an Stelle der zwölf, mit denen Kant, der zehn, mit denen Aristoteles auskommen wollte. Die Wege der Maximen liegen nicht nebeneinander wie Kurven eines mathematisch wohldefinierten Systems; sie schneiden sich oder gehen aneinander vorbei, ohne daß sich ein Gesetz angeben ließe; über die Wahl der einzelnen Maxime entscheidet der Erfolg. Bedenken wir doch, daß es sich bei Kant um die Gesamtheit der Naturwissenschaften, auch der biologischen handelt. Aus ihnen zitiert Stadler[3] in geistvoller Weise Darwin als Kronzeugen für die formale Zweckmäßigkeit, und der große Forscher gibt ein schönes Beispiel von transzendentaler Freude, wo er es als ein Wunder bezeichnet, daß die Welt der Lebewesen sich in so großartiger Weise nach Gattungen und Arten klassifizieren läßt.

Doch damit würden wir auf ein fremdes Gebiet übertreten. Wenn wir im Bereich der exakten, d. h. der mathematischen Behandlung zugäng-

---

1) Immanuel Kant (1923), S. 200. 2) Kantstudien, Bd. XVII S. 209.
3) Kants Teleologie S. 104.

lichen Wissenschaften verbleiben, so liegt es nahe, auf das Energieprinzip einen Blick zu werfen und seine Stellung zu den Kantischen Begriffen zu prüfen. Wir haben schon gesehen (III), daß Leibniz dieses Prinzip, soweit er es kannte, gelegentlich in dieselbe Linie mit dem Wirkungsprinzip rückt. Auch das Energieprinzip war eine Maxime der Urteilskraft, so lange es sich noch im status nascendi befand. Robert Mayer und Helmholtz suchen von einem Erscheinungsgebiet zum andern fortschreitend und auf die Natureinheit vertrauend immer neue Definitionen spezieller Energiebegriffe, bewegen sich also durchaus auf den Wegen der reflektierenden Urteilskraft. Aber ihr Geschäft ist schließlich vollständig gelungen; das Energieprinzip hat sich für alle Erscheinungsgebiete durchgesetzt. Wenn es im Sturm und Drang der modernen Atomphysik einmal für kurze Zeit abgeschafft wird, so ist das wohl nur als ein Schaumspritzer auf den Wogen des wissenschaftlichen Tageskampfes anzusehen, in welchem man sich bisweilen nicht scheut, Sonne, Mond und Sterne in die Luft zu verpuffen einer ärgerlichen Tagesschwierigkeit zuliebe. Wie dem auch sei, bei dem Energieprinzip braucht man nicht mehr zu suchen; die Verbindung der getrennten Gebiete ist durch die Äquivalenzzahlen hergestellt; das Energieprinzip hat daher zweifellos den Charakter eines Naturgesetzes von großer Allgemeinheit gewonnen. Der Energieaustausch bildet eine einheitliche, die ganze Welt durchziehende Erscheinung, die nicht mehr mit andern verglichen zu werden braucht. Diese Erscheinung beherrscht sogar Gebiete, in denen das Prinzip der kleinsten Wirkung noch nicht zur Geltung gekommen ist, während aus diesem andererseits, wo es gilt, nach Helmholtz in gewissem Sinne der Energiesatz folgt[1]); genauer ist es so, daß das Wirkungsprinzip Anlaß gibt zu einer bestimmten Definition der Energie, die sich zunächst in der Massendynamik bestätigt, und dann weiter in jedem höheren Anwendungsgebiet des Wirkungsprinzips von Neuem bestätigt werden muß.

Offenbar haben wir beim Energieprinzip eine typische Entwicklung vor uns: wenn das Prinzip der reflektierenden Urteilskraft mit einer seiner Maximen vollen Erfolg gehabt hat, rückt sein Ergebnis aus dem Reich der Vernunft im Kantischen Sinne, zu welchem die reflektierende Urteilskraft gehört, in die Sphäre des Verstandes herab und wird zum allgemeinen Naturgesetz.

XIX.

Noch zwei praktisch wichtige Eigenschaften des Prinzips der kleinsten Wirkung kommen allgemein nach Kant den Maximen der Urteilskraft zu. Das Wirkungsprinzip dient nicht bloß zu einer gewissen äußerlichen Ver-

---

1) Ges. Abh., Bd. III S. 220.

einigung getrennter Gebiete, deren jedes schon seine bestimmte Gestalt gewonnen hat; seine praktische Bedeutung für Einzelfragen der Wissenschaft gewinnt es oft als heuristisches Prinzip, als Leitfaden beim Fortgang der wissenschaftlichen Untersuchung in das Unbekannte; man denke nur an die oft erwähnten Untersuchungen von Helmholtz über die physikalische Bedeutung unseres Prinzips oder an die ganz spezielle aber wichtige Untersuchung von Kirchhoff[1]) über die Bewegung starrer Körper in Flüssigkeiten. Vielfach bewährt sich das Prinzip als eine heuristische Maxime in dem Sinne, daß seine besondere explizite Form sich nur durch den Erfolg rechtfertigt; der Forscher muß beim Eingang in neue Gebiete Versuche anstellen, bei denen nur die allgemeinste Form des Prinzips festgehalten wird. Es ist, sagt ganz entsprechend Kant[2]) „ein Prinzip . . . der reflektierenden Urteilskraft; man will nur, daß man, die Natur mag ihren allgemeinen Gesetzen nach eingerichtet sein wie sie wolle, durchaus nach jenem Prinzip und den sich darauf gründenden Maximen ihren empirischen Gesetzen nachspüren müsse, weil wir nur soweit als jenes stattfindet, mit dem Gebrauch unseres Verstandes in der Erfahrung fortkommen und Erkenntnis erwerben können." Also nachspüren und fortkommen ist ein Zweck der Maxime.

In der Auffassung des Prinzips der kleinsten Wirkung als heuristischer Regel treffen wir wohl mit den meisten Mathematikern und Physikern zusammen, die sich bei dieser Charakterisierung beruhigen und philosophisch klingende Formeln vermeiden wollen. Aber für diese nüchterne unphilosophische Auffassung bleibt der Erfolg des Prinzips eine auffallende Tatsache, die sich keinem allgemeineren Gedanken unterordnen läßt. Die Nüchternheit dieser Auffassung ist die von Hegel verhöhnte Nüchternheit, die nicht zum Hunger nach Erkenntnis führt, sondern schon satt ist, zugleich satt und tot. Mag der einzelne Forscher im Drange der Tagesarbeit auf die methodische Selbstbesinnung verzichten; er soll nur nicht seinen Standpunkt für den einzig erprobten halten. Jene Besinnung aber gewinnt man nur, wenn man mit der historischen Entwicklung, mit den Gedanken von Leibniz und Kant Fühlung nimmt.

Eine zweite für die Anwendungen bedeutsame Eigenschaft des Wirkungsprinzips bedeutet eine gewisse Schwäche. An der Erscheinung der transzendentalen Freude sieht man schon, daß der Erfolg der Maximen der Urteilskraft nicht von vornherein in irgendeinem Umfange gesichert ist. Daher erfordert der Gebrauch der Maxime eine gewisse Bescheidenheit, deren Sinn und Notwendigkeit Kant in folgender Form kennzeichnet.[3]) „Diese Voraussetzung der Urteilskraft ist gleichwohl darüber so unbestimmt, wie

---

1) Vorlesungen über Mechanik, 19. Vorlesung.
2) Kr. d. U., S. 25.   3) Kr. d. U., S. 27.

weit jene idealische Zweckmäßigkeit der Natur für unser Erkenntnisvermögen ausgedehnt werden solle, daß, wenn man uns sagt, eine tiefere
und ausgebreitetere Kenntnis der Natur durch Beobachtung müsse zuletzt auf eine Mannigfaltigkeit von Gesetzen, die kein menschlicher Verstand auf ein Prinzip zurückführen kann, wir es auch zufrieden sind; ob
wir es gleich lieber hören, wenn andere uns Hoffnung geben: daß, je mehr
wir die Natur im Innern kennen würden oder mit äußeren und für jetzt
unbekannten Gliedern vergleichen könnten, wir sie in ihren Prinzipien
um desto einfacher und bei der scheinbaren Heterogeneität ihrer empirischen
Gesetze einhelliger finden würden, je weiter unsere Erfahrung fortschritte.
Denn es ist ein Geheiß unserer Urteilskraft, nach dem Prinzip der Angemessenheit der Natur zu unserm Erkenntnisvermögen zu verfahren, so
weit es reicht, ohne (weil es keine bestimmende Urteilskraft ist, die uns
diese Regel gibt) auszumachen, ob es irgendwo seine Grenzen habe oder
nicht; weil wir zwar in Ansehung des rationalen Gebrauchs unserer Erkenntnisvermögen Grenzen bestimmen können, im empirischen Felde aber
keine Grenzbestimmung möglich ist.“ Die im ersten Teil dieses Passus
ausgesprochene Forderung der Bescheidenheit haben wir oben (XVIII)
erfüllt, als wir darauf verzichteten die unübersehbare Menge der verschiedenen Maximen der Urteilskraft in einem System zu ordnen. Im
übrigen wird in den Worten Kants genau der Zustand bezeichnet, der
hinsichtlich der Anwendbarkeit und Durchführbarkeit des Prinzips
der kleinsten Wirkung vorliegt. Der Zustand ist nicht einheitlich,
übersichtlich, systematisch zu kennzeichnen, sondern hier ein Gebiet
und dort ein Gebiet unterwerfen sich dem Prinzip; bei anderen bleibt
die Beziehung zu ihm zweifelhaft. Im Laufe der Zeit ist freilich eine
immer weitere Ausdehnung des Prinzips zu beobachten und man
hofft, daß dieser Prozeß sich immer fortsetze. Aber ein bestimmtes
Ziel läßt sich hier mit Sicherheit nicht angeben. So bleiben für die
Gegenwart hinsichtlich des Prinzips eine Anzahl getrennter Gebiete,
die nur formal unter eine gemeinsame Gestalt gebracht werden können;
bei manchen, z. B. den Einsteinschen Anwendungen (XIII) scheint
eine grundsätzliche Verschiedenheit des leitenden Gedankens gegenüber den übrigen Anwendungen vorzuliegen. Das Bild des wissenschaftlichen Zustandes ist so zunächst unharmonisch; nur hier und
dort, je nach den Umständen wird die Harmonie in gewissen Richtungen vergrößert, gereinigt. Für die hier geschilderte Eigenart des
Wirkungsprinzips wollen wir das Wort Bescheidenheit als Kunstausdruck
einführen.

Aber in diesem wie immer bescheidenen Weiterstreben zeigt sich der
asymptotische Charakter aller Erkenntnis, auf den Leibniz nach der Dar-

stellung von Cassirer[1]) in folgendem Sinne hingewiesen hat. „Analog der Methode, eine inkommensurable Größe durch unendlich fortschreitende Annäherung festzulegen, muß auch das einzelne zufällige Faktum der immer weitergehenden Bestimmung durch die rationalen Wahrheiten zugänglich sein, und dieser Bestimmung nirgends Halt gebieten, ohne doch darum den Charakter des Unerschöpflichen jemals zu verlieren . . . Die Phänomene streben danach, die reinen Ideen zu erreichen, aber sie bleiben nichts desto weniger beständig hinter ihnen zurück. Diese Mittelstellung zwischen Erfüllung und Mangel, zwischen Wissen und Nichtwissen ist es, auf welcher alle Möglichkeit und aller Antrieb der Forschung beruht." Immerhin scheint der Wortlaut der Abhandlung über die Freiheit[2]) die vorliegende Anschauung nur auf die freien oder zufälligen Wahrheiten anwenden zu wollen, die von den beweisbaren oder notwendigen geschieden werden; die ersteren dürfen wohl mit den empirischen überhaupt identifiziert werden. Leibniz vergleicht die beiden Erkenntnisarten mit den kommensurablen Verhältnissen zweier meßbarer Größen; die letzteren können durch erstere unbegrenzt annähernd dargestellt werden. Daß die Annäherung durch kommensurable Verhältnisse geschieht, kommt für das Gleichnis nicht in Betracht.

In der Sphäre des Verstandes und der empirischen Erscheinungen werden wir daran denken dürfen, daß im Experiment der reine, theoretische Fall immer nur mit wachsender Annäherung erreicht wird, indem man die störenden Einflüsse, das zufällige Beiwerk, allmählich immer mehr beseitigt; wie denn auch Kant darauf hinweist, daß die empirischen Begriffe wie reine Erde, reine Luft (XX) hinsichtlich der Reinheit dem Vernunftgebiet, also dem Reiche der Ideen angehören.

Jedenfalls dürfen wir die Leibnizische Anschauung vom asymptotischen Charakter gewisser Erkenntnisse in der Sphäre der Vernunft, also auf die allmähliche Entwicklung des Wirkungsprinzips anwenden, und so haben wir alles in allem auch hier die Kontinuität zwischen Leibniz, Kant und der wirklichen Wissenschaft erkannt.

Als Abschluß der an die Kritik der Urteilskraft geknüpften Betrachtungen setzen wir zwei schöne Stellen aus Kritik der teleologischen Urteilskraft[3]) her, durch die eine besondere Anwendung, die Kant von seinen allgemeinen Gedanken, insbesondere dem Begriff der Zweckmäßigkeit auf die Mathematik und die Physik macht, ersichtlich wird.

„Es ist eine wahre Freude, den Eifer der alten Geometer anzusehen, mit dem sie den Eigenschaften der Linien nachforschten, ohne sich durch die

---

1) Das Erkenntnisproblem, Bd. II S. 93.
2) Leibniz Hauptschriften; hrsg. von Cassirer, Bd. II S. 502.
3) Kr. d. U., S. 241.

Frage eingeschränkter Köpfe[1]) irre machen zu lassen: wozu denn diese
Kenntnis nützen sollte, z. B. die Parabel ohne das Gesetz der Schwere auf
der Erde zu kennen, welches ihnen die Anwendung derselben auf die Wurf-
linie schwerer Körper (deren Richtung der Schwere in ihrer Bewegung als
parallel angesehen werden kann) würde an die Hand gegeben haben; oder
der Ellipse, ohne zu ahnen, daß auch eine Schwere an Himmelskörpern zu
finden sei, und ohne ihr Gesetz in verschiedenen Entfernungen vom An-
ziehungspunkte zu kennen, welches macht, daß sie diese Linie in freier
Bewegung beschreiben. Während dessen, daß sie hierin ihnen selbst un-
bewußt für die Nachkommenschaft arbeiteten, ergötzten sie sich an einer
Zweckmäßigkeit in dem Wesen der Dinge, die sie doch völlig a priori in
ihrer Notwendigkeit darstellen konnten . . . In der Notwendigkeit dessen,
was zweckmäßig ist, und was so beschaffen ist, als ob es für unseren Gebrauch absichtlich so eingerichtet wäre, was gleichwohl aber dem Wesen
der Dinge ursprünglich zuzukommen scheint, ohne auf unseren Gebrauch
Rücksicht zu nehmen, liegt eben der Grund der großen Bewunderung der
Natur, nicht sowohl außer uns, als in unserer eigenen Vernunft" . . .

„Um[2]) sich also auch nicht der mindesten Anmaßung, als wolle man
etwas, was gar nicht in die Physik gehört, nämlich eine übernatürliche
Ursache unter unsere Erkenntnisgründe mischen, verdächtig zu machen,
spricht man in der Teleologie zwar von der Natur, als ob die Zweckmäßigkeit in ihr absichtlich sei, aber doch zugleich so, daß man der Natur, d. i.
der Materie diese Absicht beilegt; wodurch man (weil hierüber kein Miß-
verständnis stattfinden kann, indem von selbst schon keiner einem leblosen
Stoffe Absicht in eigentlicher Bedeutung des Wortes beilegen wird) anzeigen will, daß dieses Wort hier nur ein Prinzip der reflektierenden,
nicht der bestimmenden Urteilskraft bedeute, und also keinen besonderen
Grund der Kausalität einführen solle, sondern auch nur zum Gebrauche
der Vernunft eine andere Art der Nachforschung, als die nach mechanischen
Gesetzen ist, hinzufüge, um die Unzulänglichkeit der letzteren selbst zur
empirischen Aufsuchung aller besonderen Gesetze der Natur zu ergänzen.

---

1) Hier zwei hübsche Belege aus dem Altertum.

*Παρ' Εὐκλείδῃ τις ἀρξάμενος γεωμετρεῖν ὡς τὸ πρῶτον θεώρημα ἔμαθεν, ἤρετο
τὸν Εὐκλείδην· τί δέ μοι πλέον ἔσται ταῦτα μανθάνοντι; καὶ ὁ Εὐκλείδης τὸν
παῖδα καλέσας· δός, ἔφη, αὐτῷ τριώβολον, ἐπειδὴ δεῖ αὐτῷ ἐξ ὧν μανθάνει κερ-
δαίνειν.* Stobaeus, Florilegium IV S. 205 *Τηλικοῦτον μέντοι φρόνημα καὶ βάθος
ψυχῆς καὶ τοσοῦτον ἐκέκτητο θεωρημάτων πλοῦτον Ἀρχιμήδης, ὥστε ἐφ' οἷς ὄνομα
καὶ δόξαν οὐκ ἀνθροπίνης ἀλλὰ δαιμονίου τινὸς ἔσχε συνεσέως, μηδὲν ἐθελῆσαι
σύγγραμμα περὶ τούτων ἀπολιπεῖν, ἀλλὰ τὴν περὶ τὰ μηχανικὰ πραγματείαν καὶ
πᾶσαν ὅλως τέχνην χρείας ἐφαπτομένην ἀγεννῆ καὶ βάναυσον ἡγησάμενος, εἰς
ἐκεῖνα καταθέσθαι μόνα τὴν αὐτοῦ φιλοτιμίαν, οἷς τὸ καλὸν καὶ περιττὸν ἀμιγὲς
τοῦ ἀναγκαίου πρόσεστιν.* Plutarchi vitae ed. Sintenis (1841) Bd. II S. 64,
Marcellus.

2) Kr. d. U., S. 265.

Daher spricht man in der Teleologie, sofern sie zur Physik gezogen wird, ganz recht von der Weisheit, der Sparsamkeit, der Wohltätigkeit der Natur, ohne dadurch aus ihr ein verständiges Wesen zu machen (weil das ungereimt wäre), aber auch ohne sich zu erkuhnen, ein anderes verständiges Wesen über sie als Werkmeister setzen zu wollen, weil dieses vermessen sein würde; sondern es soll dadurch nur eine Art der Kausalität der Natur nach einer Analogie mit der unsrigen im technischen Gebrauch der Vernunft bezeichnet werden, um die Regel, darnach gewissen Produkten der Natur nachgeforscht werden muß, vor Augen zu haben."

XX.

Wenn wir schließlich noch die Stellung des Prinzips der kleinsten Wirkung zu den Begriffsbildungen der Kritik der reinen Vernunft erörtern, so geschieht dies weniger, um Neues zu den schon erörterten erkenntnistheoretischen Eigentümlichkeiten des Prinzips beizubringen, als um das Verhältnis der verschiedenen Kantischen Gedankenzüge zueinander aufzuhellen, und den Gedanken auf besonderen Linien fortzuentwickeln, den Stadler ausgesprochen und begründet hat, daß die formale Naturzweckmäßigkeit aus der Kritik der Urteilskraft mit der dritten transzendentalen Idee der Vernunftkritik so ziemlich identisch ist. Wir durchmustern deshalb die auf diese Idee bezüglichen Abschnitte der transzendentalen Dialektik auf Stellen hin, bei denen wir uns in einigermaßen bestimmter Weise an das Prinzip der kleinsten Wirkung erinnert fühlen können.

Die dritte transzendentale Idee ist die der disjunktiven Urteilsform entsprechende Idee von der Allheit der Dinge, von der Gesamtwelt und von der geordneten Einheit der Welt, die Idee des Kosmos, der nach Helmholtz (XVII) als Bild des Menschengeistes aufzufassen ist. Der kritisch geläuterte Sinn dieser Idee ist der, daß nicht die Behauptung aufgestellt oder abgeleitet wird, die Welt sei ein Kosmos, sondern es gilt das regulative Prinzip, man müsse der Natur so nachspüren, daß ein Kosmos, eine gesetzmäßig-systematische Einheit vorausgesetzt und aufgesucht wird. Das ist genau die Art, wie wir oben (XVIII) die formale Zweckmäßigkeit der Natur nicht als eine behauptete Eigenschaft der Natur sondern als Leitfaden der Forschung kennengelernt und in dem tatsächlich mit dem Prinzip der kleinsten Wirkung geübten Verfahren wiedererkannt und spezialisiert haben.

Wir können zunächst die angeführte These Stadlers mit einigen von ihm nicht erwähnten Stellen der Vernunftkritik bestätigen. So heißt es[1], „daß die Verstandeserkenntnis nicht bloß ein zufälliges Aggregat sondern

---

1) Kr. d. r. V., S. 495.

ein System sei." Den Gegensatz von Aggregat und System haben wir mit eben diesen Worten bei der formalen Zweckmäßigkeit vorgefunden (XVIII). Der Satz: entia non esse multiplicanda wird einerseits[1]) als Anwendung der dritten transzendentalen Idee erwähnt; andererseits findet sich nahezu derselbe Satz in einem Verzeichnis von Maximen der reflektierenden Urteilskraft (XVIII). In dem Abschnitt über den regulativen Gebrauch der Ideen wird[2]) Leibniz und sein Kontinuitätsprinzip erwähnt; eben dieses kommt auch in jenem Verzeichnis von Maximen der Urteilskraft vor; auch wird an dieser Stelle der Vernunftkritik das Wort Maxime gebraucht. Allerdings erscheinen hier als Maximen zunächst die drei Grundsätze der Homogeneität, Kontinuität und Spezifikation. Ferner steht noch eine weitere Auseinandersetzung über das Prinzip der Kontinuität[3]) und seinen erkenntnistheoretischen Charakter ganz im Geiste der Lehre von der formalen Zweckmäßigkeit der Natur in der Kritik der Urteilskraft. Endlich zeigt sich[4]) eine gewisse äußerliche Angleichung an die Terminologie der Kritik der Urteilskraft, wo gesprochen wird von „der Einheit, darunter die der Zwecke die vornehmste ist."

Wird schon in den eben erwähnten drei Maximen im Sinne der dritten Idee diese für den Gebrauch gewissermaßen spezialisiert, so wird man allgemein daran festhalten müssen, daß die dritte Idee, wenn sie sich zu einer wissenschaftlichen Methode entwickeln und nicht bloß in philosophischer Allgemeinheit schweben bleiben soll, erst lebendig wird, wenn sie sich spezialisiert in mannigfachen Einzelfällen, deren jeder, wenn er interessant ist, besondere Widerstände und Schwierigkeiten darbietet. Erst wenn diese in einer möglichst großen Anzahl, man möchte wünschen in einer möglichst großen systematisch geordneten Menge von Fällen überwunden sind, hat die Methode ihr volles Leben gewonnen. Etwa so, wie die allgemeine Differential- und Integralrechnung erst durch den unendlich fleißigen und produktiven, am einzelnen sich erfreuenden Euler zu vollem Leben kommt, oder wie Kant selbst (XIX) die Belebung der Elementargeometrie durch die Freude an den speziellen Gestalten schildert. Wir wollen künftig in diesem Sinne von einer Spezifikation der Idee sprechen.

Bei der dritten Idee geht Kant selbst nur einmal auf ganz spezielle Fälle ein; immerhin ist die geschilderte Tendenz zur Spezifikation als in seinem Sinne liegend deutlich erkennbar. „Indem[5]) ich alle Verbindungen", also doch wohl alle einzelnen Verbindungen, jede für sich in besonderer Weise, „so ansehe als ob sie Anordnungen einer höchsten Vernunft wären"; hier kommt die uns zunächst noch nicht beschäftigende Personifikation und Hypostasierung der Idee, die doch eigentlich nur Methode ist, herein.

---

1) Kr. d. r. V., S. 500.   2) Kr. d. r. V., S. 511.   3) Kr. d. r. V., S. 506.
4) Kr. d. r. V., S. 534.   5) Kr. d. r. V., S. 515.

„Die[1]) Vernunft . . . schafft also keine Begriffe (von Objekten), sondern ordnet sie nur und gibt ihnen diejenige Einheit, welche sie in ihrer größten möglichen Ausbreitung haben können, das ist in Beziehung auf die Totalität der Reihen, als auf welche der Verstand gar nicht sieht, sondern nur auf diejenige Verknüpfung, dadurch allerwärts Reihen der Bedingungen nach Begriffen zustande kommen." Achten wir auf die Vielheit der Reihen, so wird die vielfältige und spezialisierte Anwendung der dritten Idee als in Kants Sinne liegend ersichtlich. Endlich die Stelle, in der Kant an ganz konkrete naturwissenschaftliche Begriffe herangeht[2]), bald nachdem der oben erwähnte Gegensatz von Aggregat und System bearbeitet ist: „Dergleichen Vernunftbegriffe werden nicht aus der Natur geschöpft, vielmehr befragen wir die Natur nach diesen Ideen und halten unsere Erkenntnis für mangelhaft, solange sie denselben nicht adäquat ist. Man gesteht, daß sich schwerlich reine Erde, reines Wasser, reine Luft usw. finden. Gleichwohl hat man die Begriffe davon doch nötig (die also, was die Reinigkeit betrifft, nur in der Vernunft ihren Ursprung haben), um den Anteil, den jede dieser Naturursachen an der Erscheinung hat, gehörig zu bestimmen." Wie hier die empirisch nicht zu realisierende volle Reinheit als Vernunftbegriff aufgefaßt wird, so dürfen und müssen wir in einer zunächst unübersehbaren Menge von anderen Fällen, z. B. beim Wirkungsprinzip, eine besondere Ausprägung der allgemeinen Vernunftidee von der Naturharmonie sehen und diese Idee anwenden, indem wir sagen: das Wirkungsprinzip, wie es sich auf die verschiedensten getrennten Erscheinungsgebiete bezieht, bildet eine in Wirklichkeit nicht völlig zum Ziele gelangende Einheitsströmung im Sinne der dritten Idee. Das bestätigt sich noch im besonderen, indem wir in der Idee drei wichtige Eigentümlichkeiten des Wirkungsprinzips wiederfinden, die Bescheidenheit, das Asymptotische und das Heuristische (XIX).

An die als Bescheidenheit definierte Eigenschaft des Wirkungsprinzips erinnert stets die oft begegnende Wendung „nur eine Idee". „Das[3]) absolute Ganze der Erscheinungen ist nur eine Idee; denn da wir dergleichen niemals im Bilde entwerfen können, so bleibt es ein Problem ohne alle Lösung." An einer anderen Stelle[4]) spricht Kant von „der Idee, . . . nach welcher jeder voraussetzt, diese Vernunfteinheit sei der Natur angemessen, und daß die Vernunft hier nicht bettle sondern gebiete, obgleich ohne die Grenzen dieser Einheit bestimmen zu können." Weiter heißt es[5]): „Die Vernunft setzt Verstandeserkenntnisse voraus, die zunächst auf Erfahrung angewandt werden, und sucht ihre Einheit nach Ideen, die viel weiter gehen, als Erfahrung reichen kann." Also auf volle Durchführung

---

1) Kr. d. r. V., S. 494.   2) Kr. d. r. V., S. 495.   3) Kr. d. r. V., S. 293.
4) Kr. d. r. V., S. 501.   5) Kr. d. r. V., S. 507.

des Einheitsplanes wird grundsätzlich verzichtet. Eine weitere in diesem Sinne bedeutsame Stelle ist folgende.[1] „Denn wiewohl wir nur wenig von dieser Welt Vollkommenheit ausspähen oder erreichen werden, so gehört es doch zur Gesetzgebung unserer Vernunft, sie allerwärts zu suchen und zu vermuten, und es muß uns jederzeit vorteilhaft sein, niemals aber kann es nachteilig werden, nach diesem Prinzip die Naturbetrachtung anzustellen."

Auch die Worte asymptotisch und heuristisch, mit denen wir die Verwendungsart des allgemeinen Wirkungsprinzips charakterisiert haben, finden sich bei Kant an entsprechender Stelle.[2] „Was bei diesen Prinzipien merkwürdig ist und uns allein beschäftigt, ist dieses: daß sie transzendental zu sein scheinen, und ob sie gleich bloße Ideen zur Befolgung des empirischen Gebrauchs der Vernunft enthalten, denen der letztere nur gleichsam asymptotisch, das ist bloß annähernd, folgen kann, ohne sie jemals zu erreichen, sie gleichwohl als synthetische Sätze a priori objektive, aber unbestimmte Gültigkeit haben, und zur Regel möglicher Erfahrung dienen, auch wirklich in Bearbeitung derselben als heuristische Grundsätze mit gutem Glück gebraucht werden, ohne daß man doch eine transzendentale Deduktion derselben zustande bringen kann." Es ist hier allerdings zunächst nur von den oben erwähnten drei Prinzipien der Einheit, Verwandtschaft, Mannigfaltigkeit die Rede; nach den angeführten Worten wird der heuristische Gebrauch des Verwandtschaftsprinzips an den hyperbolischen Kometenbahnen erläutert, auf die man durch stetigen Übergang von den elliptischen und parabolischen Bahnen der Himmelskörper hingeführt wird, so daß wir den heuristischen Gebrauch des Wirkungsprinzips mit dem von Kant dem Kontinuitätsprinzip zugeschriebenen in Parallele stellen können.

„Die Ideen[3] enthalten eine gewisse Vollständigkeit, zu welcher keine mögliche empirische Erkenntnis zulangt, und die Vernunft hat dabei nur eine systematische Einheit im Sinne, welcher sie die empirisch mögliche Einheit zu nähern sucht, ohne sie jemals völlig zu erreichen." Auch hier ist die Bescheidenheit mit dem Asymptotischen verknüpft. Der Charakter des Empirischen als immer weiter fortschreitender Annäherung an die gewünschte Einheit wird deutlicher aus der Stelle, die wir oben (XVII) aus der Kritik der Urteilskraft angeführt haben.

Besonders vielfältig findet sich die heuristische Bedeutung der dritten Idee hervorgehoben, der sich natürlich auch nur jeweils in jeder besonderen Anwendung auswirken kann. „Dagegen haben[4] sie", die transzendentalen

---

1) Kr. d. r. V., S. 533.   2) Kr. d. r. V., S. 508.

1) Kr. d. r. V., S. 533.   2) Kr. d. r. V., S. 508.
3) Kr. d. r. V., S. 442.   4) Kr. d. r. V., S. 495.

Ideen nämlich, „einen vortrefflichen und unentbehrlich notwendigen regulativen Gebrauch, nämlich den Verstand zu einem gewissen Ziel zu richten, in Aussicht auf welches die Richtungslinien aller seiner Regeln in einen Punkt zusammenlaufen, der, ob er zwar nur eine Idee, focus imaginarius, d. i. ein Punkt ist, aus welchem die Verstandesbegriffe wirklich nicht ausgehen, indem er ganz außerhalb der Grenzen möglicher Erfahrung liegt, dennoch dazu dient, ihnen die größte Einheit neben der größten Ausdehnung zu verschaffen." Die Schlußworte sind besonders zu beachten.

„Umgekehrt[1]) ist die systematische Einheit (als bloße Idee) lediglich projektierte Einheit, die man an sich nicht als gegeben, sondern nur als Problem ansehen muß, welche aber dazu dient, zu dem mannigfaltigen und besonderen Verstandesgebrauch ein Prinzipium zu finden, und diesen dadurch auch über die Fälle, die nicht gegeben sind, zu leiten und zusammenhängend zu machen." Endlich noch ein schlagendes Wort[2]): „Ideen sind heuristische Fiktionen."

Hiermit sind die praktisch wichtigen Eigentümlichkeiten des Wirkungsprinzips als wesentliche Züge der dritten Kantischen Idee wohl genügend nachgewiesen, und dies alles bestätigt, da wir oben das Wirkungsprinzip in der formalen Naturzweckmäßigkeit nachgewiesen haben, auch nochmals die These Stadlers von der Identität jenes Zweckmäßigkeitsgedankens mit der dritten transzendentalen Idee.

In einem wichtigen Punkte bleibt die Vernunftkritik hinter der Kritik der Urteilskraft zurück: die transzendentale Freude hat in jener keinen Platz gefunden. Daß die „Petition", die nach Kant in der dritten Idee an die Natur gerichtet wird, auch in der Erfahrung erfüllt wird, und daß dies vom empirischen Standpunkt als gewissermaßen zufällig anzusehen ist und als Glücksfall empfunden wird, mehr als die Entdeckung eines Naturgesetzes, dieser Gedanke fehlt in der Vernunftkritik; diese beschränkt sich mehr auf die Erörterung der regulativen Forderung, deren tatsächliche und spezielle Erfüllung nur einfach postuliert wird.

XXI.

An die Lehre vom regulativen Gebrauch der Ideen schließen sich in der Kritik der reinen Vernunft die äußerst tiefgründigen Kapitel vom Ideal überhaupt und vom transzendentalen Ideal. Der Inhalt derselben ist logisch, d. h. für die Einsicht in die Struktur der Vernunftbegriffe, von größter Bedeutung; wir wollen versuchen, darüber klar zu werden, ob sich auch hier noch Anknüpfungen an die Methoden und Begriffe der

---

1) Kr. d. r. V., S. 497.					2) Kr. d. r. V., S. 583.

exakten Wissenschaften gewinnen lassen; was wir doch hoffen müssen, wenn anders Erkenntnistheorie im Sinne der transzendentalen Methode dasselbe sein soll, wie die Besinnung über die Methode und die Begriffsbildung in der konkreten Wissenschaft, wie sie sich durch den unermüdlichen Fortgang der Einzelforschung entwickelt.

„Die Idee[1]) nicht bloß in concreto, sondern in individuo", objektiviert, verdinglicht, als ein Einzelding aufgefaßt, ist das Ideal. Bei Kant ist ein doppelter Sinn des Wortes zu erkennen, einmal allgemein, womit dann die Brücke zum physikotheologischen Beweis der Existenz Gottes geschlagen wird, und zweitens spezifiziert in dem Sinne, wie wir dies Wort gebrauchen (XX). Als Beispiel des letzteren Gebrauchs erscheint bei Kant das Ideal der Menschheit; „die Menschheit in ihrer ganzen Vollkommenheit enthält nicht allein die Erweiterung aller zu dieser Natur gehörigen wesentlichen Eigenschaften, welche unseren Begriff von derselben ausmachen bis zur vollständigen Kongruenz mit ihren Zwecken, welches unsere Idee der vollkommenen Menschheit sein würde, sondern auch alles, was außer diesem Begriff zu der durchgängigen Bestimmung der Idee gehört; denn von allen entgegengesetzten Prädikaten kann sich nur ein einziges zu der Idee des vollkommensten Menschen schicken. Was uns ein Ideal ist, war bei Plato eine Idee des göttlichen Verstandes, ein einzelner Gegenstand in der reinen Anschauung desselben, das vollkommenste einer jeden Art möglicher Wesen und der Urgrund aller Nachbilder in der Erscheinung." Und etwas spezieller: „Tugend und mit ihr die menschliche Weisheit in ihrer vollen Reinigkeit sind Ideen. Aber der Weise (des Stoikers) ist ein Ideal, d. i. ein Mensch, der bloß in Gedanken existiert, der aber mit der Idee der Weisheit völlig kongruiert." Die Bedeutung des Ideals ist regulativ, insofern sich aus ihm die regulative Idee, von der die konkrete Gedankenbewegung bestimmt wird, ableitet. Die Idee ist Methode, das Ideal ein wohldefiniertes Gedankending, auf dessen Wirklichkeit es nicht ankommt, das aber als Schema die notwendige Methode bestimmt. Können wir den Begriff des Ideals in der Wissenschaft anwenden, oder finden wir in ihr Ideale implizite vor?

Wir denken, wie es auch Kant an einer Stelle[2]) zu tun scheint, an den unendlichen Raum, der ja eigentlich nichts anderes bedeutet als die unbegrenzte Möglichkeit endlicher Fortgänge, oder an die relativistisch aufgefaßte vierdimensionale Raumzeitmannigfaltigkeit, die, selbst in vollem Umfange nie gegeben, die unbeschränkt wiederholbare Lorentztransformation zu einer nicht vollziehbaren Einheit zusammenfassen soll; wir denken an den Helmholtzschen Ozean der gesamten Weltenergie (X) und das ihn

---

1) Kr. d. r. V., S. 442. 2) Kr. d. r. V., S. 449.

nach Helmholtz beherrschende allgemeine Wirkungsprinzip (I), das doch
nie bestimmt und einheitlich zu formulieren ist, und doch den Physikern
wie ein großes einheitliches Naturprinzip erscheint; wir denken an die
Gesamtheit aller Himmelskörper im ganzen Raum. In all diesen Begriffen
dürfen wir doch wohl Spezifikationen des Kantischen Ideals sehen; es sind
die Begriffe, die sozusagen aufs Ganze gehen; verdinglichte Methoden
des notwendigen und möglichen Fortgangs in das Unbeschränkte. Sie kommen in der konkreten wissenschaftlichen Arbeit eigentlich nicht vor. Man
arbeitet nicht mit dem unendlichen Raum, der Weltenergie; man arbeitet
stets nur mit einer der mannigfachen Sonderformen des Wirkungsprinzips;
von der Gesamtheit der Himmelskörper spricht man wissenschaftlich nur
unter sehr bestimmten Hypothesen über Durchschnittsverhältnisse, die
die Freiheit der Natur beschränken. Diese Begriffe, nennen wir sie Ideale,
einzuführen hat also nur logische Bedeutung, indem man sieht, wie jede
Einzelerscheinung oder Einzeltheorie durch Beschränkung einer umfassenden, wenn auch nicht realisierbaren Totalität entsteht; analog wie nach
Kant[1]) das Ideal des vollkommenen Menschen dazu dient, „den Grad und
die Mängel des Unvollständigen zu schätzen.‟

Eine höhere Würde hat das Ideal, das bei Kant der allgemeinen nicht
spezifizierten Idee der Weltharmonie, der dritten transzendentalen Idee
entspricht, das einzig eigentliche Ideal[2]), die Gesamtheit aller Dinge.
Wir erkennen es wieder in dem Helmholtzschen Kosmos (XVII), als
welchen wir die ganze Erscheinungswelt darzustellen wünschen. Auch der
Kosmos als Ganzes ist kein Gegenstand der Forschung, dient aber offenbar
bei Helmholtz als Verdinglichung der allgemeinwissenschaftlichen Methode,
und dient zur Besinnung über die Methode.

Das eigentliche Ideal erscheint zunächst als Inbegriff, nach näherer
Analyse als Urgrund aller Einzeldinge, die logisch durch Einschränkung aus
der Totalität aller möglichen Prädikate entstehen. Diese Totalität erweist
sich so als das ens realissimum, ens entium, schließlich Gott im transzendentalen Sinne, als Urquell aller Einzeldinge der Erfahrung. Irgendeine
Art von Existenz dieses Urwesens läßt sich nicht einmal begrifflich definieren, wie ja die Ideale überhaupt eigentlich nicht existieren; die Bedeutung
des Urwesens liegt wieder in seinem regulativen Charakter. Es wird keineswegs verlangt[3]), „daß alle diese Realität objektiv gegeben sei und selbst
ein Ding ausmache. Dieses letztere ist eine bloße Erdichtung, durch welche
wir das Mannigfaltige in einem Ideal als besonderes Wesen zusammenfassen und realisieren, wozu wir keine Befugnis haben.‟

Und wenn wir nun fragen, wie kommen wir dazu, die Idee, also eine
wissenschaftliche Methode, durch das Ideal zu ergänzen, so stellt sich

---

1) Kr. d. r. V., S. 443.   2) Kr. d. r. V., S. 448.   3) Kr. d. r. V., S. 451.

heraus, daß die allumfassende Realität für die Naturdinge nichts anderes ist als „die einige allbefassende Erfahrung"[1]), in deren „Kontext" erst die einzelne Erscheinung ihre Realität gewinnt; zum Wesen der Erfahrung gehört der gesetzmäßige Zusammenhang der Erscheinungen; sie ist nichts anderes als der Helmholtzsche Kosmos. Die natürliche Illusion führt dann weiter dazu, was für die empirisch gegebenen Dinge gilt, auf alle Dinge auszudehnen, über den eigentlich sachgemäßen Kreis der Dinge hinaus, die als Gegenstände unserer Sinne gegeben, also der wissenschaftlichen Erfahrung zugänglich und unterworfen sind.

Bei der allbefassenden Erfahrung ist es nun leicht, aus der Grundanschauung des transzendentalen Idealismus heraus zu ersehen, wie von der Einzelerscheinung die Totalität vorausgesetzt wird; der Traum unterscheidet sich ja von der wirklichen Erscheinung nur dadurch, daß letztere dem allgemeinen Kausalzusammenhang der Natur eingeordnet werden kann, so daß dieser Zusammenhang, der Gesamtnexus, logisch der Einzelerscheinung vorangeht. „Die[2]) Möglichkeit der Gegenstände der Sinne ist ein Verhältnis derselben zu unserm Denken, worin etwas (nämlich die empirische Form) a priori gedacht werden kann, dasjenige aber, was die Materie ausmacht, die Realität in der Erscheinung (was der Empfindung entspricht) gegeben sein muß . . . Weil aber . . . das Reale gegeben sein muß, . . . dasjenige aber, worin das Reale aller Erscheinungen gegeben ist, die einige allbefassende Erfahrung ist, so muß die Materie zur Möglichkeit aller Gegenstände der Sinne als in einem Inbegriff gegeben vorausgesetzt werden, auf dessen Einschränkung allein alle Möglichkeit empirischer Gegenstände im Unterschied voneinander und ihre durchgängige Bestimmung beruhen kann."

Der springende Punkt ist hier offenbar die Einordnung in den Kausalnexus, von der wir eben sprachen. Es ist ein Grundgedanke der transzendentalen Analytik, der hier durchbricht.

XXII.

Die dritte Idee in ihrer unspezifizierten Gestalt wird im Ideal verdinglicht, objektiviert, im ens entium hypostasiert und schließlich, worauf schon der Name Gottes hinweist, personifiziert[3]), „weil doch die regulative Einheit der Erfahrung nicht . . . auf der Sinnlichkeit allein, sondern auf der Verknüpfung ihres Mannigfaltigen durch den Verstand . . . beruht, . . . mithin die Einheit der höchsten Realität . . . in einem höchsten Verstande mithin in einer Intelligenz zu liegen scheint." Ein Anklang von Personifikation liegt schon in dem oft zitierten Wort von Helmholtz (XVII), daß

---

1) Kr. d. r. V., S. 452.   2) Kr. d. r. V., S. 451.   3) Kr. d. r. V., S. 452.

wir an den Festtagen der Wissenschaft „den ungeheuren Reichtum der Natur als Kosmos, als Spiegelbild des gesetzmäßigen Denkens unseres eigenen Geistes überschauen."

Auf die spezifizierten Ideale wird man diese Gedankenreihe kaum anwenden wollen, um nicht einer transzendentalen Vielgötterei zu verfallen.

Wir sind dem Namen Gottes bei den alten Autoren oft begegnet. Aber bei Leibniz ist (IV) die göttliche Weisheit nicht viel anderes als eine wissenschaftliche Methode; wenn er dabei von der Förderung der Frömmigkeit durch Anwendung der naturwissenschaftlichen Methode der Finalen, die er doch sehr exakt auffaßt, spricht, so will er wohl seinen Korrespondenten eine angenehme Beruhigung verschaffen. Leibniz betont auch nicht eigentlich die Existenz Gottes als besonderes Ziel, sondern es wird mit dem Gottesbegriff operiert, als ob er in der Logik einmal da wäre.

Ganz anders steht es bei Maupertuis, der, von Voltaire als Frömmler verspottet, als höchstes Ziel seines Wirkungsprinzips den wie er meint einzig möglichen Beweis für die Existenz Gottes ansieht, ohne im übrigen die logische Struktur dieses Beweises zu zergliedern. Natürlich ist dieses Streben, der populären Religion zu dienen, im wesentlichen illusorisch, da doch keine für die Welt der Werte wichtigen Züge des Gottesbildes erscheinen, und Voltaire[1]) hat wohl nicht unrecht, wenn er in der Diatribe des Doktor Akakia die heilige Inquisition den unglücklichen Maupertuis der Ketzerei verdächtigen läßt, weil er den einzigen Beweisgrund für die Existenz Gottes in Z gleich BC, dividiert durch A plus B finden läßt, welche Symbole ersichtlich teuflisch seien. Übrigens galt ja auch Leibniz bei seinen hartlutherischen Nachbarn in Wolfenbüttel für einen Glövenix; und in der Tat kann der wissenschaftliche Gebrauch des Gottesbegriffs bei Leibniz auf fromme Christen und Juden kaum erbaulich wirken. In der Theodicee wird freilich eine Synthese nach der moralischen Seite hin ernstlich angestrebt.

Unter den Forschern, die bei der wissenschaftlichen Arbeit von Gott sprechen, sind noch die großen Engländer zu nennen. Darwin findet an einer bekannten Stelle des Werks über die Abstammung des Menschen die von ihm entwickelte Theorie der Würde des höchsten Wesens besonders angemessen; auch seine transzendentale Freude über das System der organischen Wesen hat einen religiösen Unterton. Bei ihm wie bei Newton liegt wohl das Gemütsbedürfnis vor, sich mitten in der wissenschaftlichen Arbeit an dem populären Gottesglauben zu erwärmen.

Im naturwissenschaftlichen Zeitalter war man und in den noch jetzt lebendigen platt aufklärerischen Kreisen ist man besonders darauf aus,

---

1) Oeuvres (ed. Beuchot) 1830, Bd. XXXIX S. 482.

Gott und Natur, Theologie und Naturwissenschaft, wie man sagt, zu trennen;
wir haben schon (VIII) an E. du Bois-Reymond erinnert, und man zitierte
gern das Wort von Laplace über die Gottheit: je n'avais pas besoin de
cette hypothèse.

Das erlösende Wort hat Kant längst gesprochen. Er versagt dem physiko-
theologischen Beweis, dem Beweis der Existenz Gottes aus der Harmonie
der Natur, seine Achtung nicht, aber er spricht vom naturwissenschaftlichen Standpunkte aus[1]), diese Gedankenwesen „sollen an sich selbst nicht
angenommen werden, sondern nur ihre Realität als eines Schema des
regulativen Prinzips der systematischen Einheit aller Naturerkenntnis
gelten; mithin sollen sie nur als Analoga von wirklichen Dingen, aber nicht
als solche in sich selbst zum Grunde gelegt werden". Dabei wird man zuge-
stehen, daß der regulative Nutzen des Gottesbegriffs kein anderer ist als
derjenige der nicht personifizierten, kaum der objektivierten Idee, also der
Methode, über die wir uns Klarheit zu schaffen suchten. Das eigentliche
Interesse des physikotheologischen, aber kritisch geläuterten Gottesbegriffs
kommt wohl erst zutage, wo die letzte große Synthese zwischen der Natur
oder besser der Naturwissenschaft und der Welt der sittlich-religiösen
Werte angestrebt wird. „Wenn[2]) einmal in anderweitiger, vielleicht praktischer Beziehung die Voraussetzung eines höchsten und allgenugsamen
Wesens als oberster Intelligenz ihre Gültigkeit ohne Widerrede behauptete: so wäre es von der größten Wichtigkeit, diese Begriffe" rein zu
formulieren und zu benutzen; man hätte ein gemeinsames begriffliches
Fundament für die Welt der Wissenschaft und die Welt des Praktischen,
der Werte, und es wäre in scharfer Fassung der platonische Gedanke
neu belebt, daß auch die Ideen der Naturdinge ihr Licht und Leben von
der Zentralidee, der des Guten erhalten. Im Streben nach diesem Ziel
kommen Kant und Leibniz überein, nur daß bei Kant die logische Analyse
unendlich verschärft und fortgebildet ist. Möge unsere nach großer Synthese durstige Zeit diesen großen Lehrern folgen! — Wir aber sind hiermit
an der Grenze des Feldes, das wir bearbeiten wollten, angelangt.

---

1) Kr. d. r. V., S. 515.   2) Kr. d. r. V., S. 492.

Fortsetzung siehe nächste Seite

Verlag von B. G. Teubner in Leipzig und Berlin

WISSENSCHAFTLICHE GRUNDFRAGEN

herausgegeben von R. Hönigswald, Breslau.

Fortsetzung von voriger Seite

9. Heft: **Das Prinzip der kleinsten Wirkung von Leibniz bis zur Gegenwart.**
Von Geh.Reg.-Rat Dr. A. K n e s e r, Prof. a.d.Univ.Breslau. [IV u.70 S.] gr.8. 1928.

Die ersten Spuren des Prinzips werden aufgesucht, die Entwicklung bei Euler und Maupertius verfolgt, die neuesten und allgemeinsten Anwendungen bei Helmholtz und Einstein nach ihrer methodischen Bedeutung betrachtet. Nach der philosophischen Seite hin werden die Beziehungen des Prinzips zur Leibnizschen Teleologie und den Begriffsbildungen Kants erörtert.

10. Heft: **Über die Möglichkeit historischer Gesetze.** Von Studienrat Dr.
E. M e i s t e r, Leipzig. [VIII u. 88 S.] gr. 8. 1928.

Die Untersuchung stellt dem Gesetzesbegriff, wie er am reinsten in den Naturwissenschaften herrscht, die Geschichte als eine wesenhaft verschiedene Seinsform mit besonderen, nur ihr eigentümlichen Kategorien gegenüber. Diese These sucht sowohl die Strukturanalyse des Geschichtlichen wie auch die kritische Prüfung der sogen. „historischen" Gesetze zu erhärten.

In Vorbereitung 1928: K o e b n e r, Vom Begriff der geschichtlichen Aufgabe. — P e t z e l t, Das Problem des Blinden.

Ferner ist im Rahmen der „Wissenschaftlichen Grundfragen" eine besondere Reihe von Abhandlungen sprachphilosophischer Richtung, Texte und Probleme, in Aussicht genommen.

Physik. Unter Mitarbeit hervorragender Fachgelehrter herausgegeben von weil. Hofrat Prof. Dr. *E. Lecher*, Wien. 2. Aufl. Mit 116 Abb. i. T. [VIII u. 849 S.] 4. 1925. (Die Kultur der Gegenwart. Hrsg. von Prof. *P. Hinneberg.* Teil III, Abt. III, 1.) Geh. $\mathcal{RM}$ 34.—, geb. $\mathcal{RM}$ 36.—, in Halbled. geb. $\mathcal{RM}$ 40.—

Darin u. a. erschienen:

Das Prinzip der kleinsten Wirkung. Von Geh. Reg.-Rat Dr.
M. Planck, Prof. a. d. Universität Berlin.

Das Prinzip der Erhaltung der Energie. Von Geh. Reg.-Rat Dr.
M. Planck, Prof. a. d. Universität Berlin. 5. Aufl. [XVI u. 278 S.] 8. 1925.
(Wissenschaft und Hypothese Bd. 6.) Geb. $\mathcal{RM}$ 7.40

Behandelt die historische Entwicklung des Prinzips von seinen Uranfängen bis zu seiner allgemeinen Durchführung in den Arbeiten von Mayer, Joule, Helmholtz, Clausius, Thomson; die allgemeine Definition des Energiebegriffs, die Formulierung des Erhaltungsprinzips nebst einer Übersicht und Kritik über die versuchten Beweise.

Sechs Vorträge über ausgewählte Gegenstände aus der reinen Mathematik und mathematischen Physik. Von weil. Prof. *H. Poincaré.* Mit 6 Fig. [IV u. 60 S.] gr. 8. 1910. (Mathematische Vorlesungen a. d. Universität Göttingen Bd. IV.) Geh. $\mathcal{RM}$ 1.80, geb. $\mathcal{RM}$ 2.40

„Da Poincaré mit seinem umfassenden und tiefen Wissen die Gabe vereinigt, schwierige Dinge ohne Beeinträchtigung der Strenge in allgemein verständlicher Weise darzustellen, dürfen die Vorträge auf eine starke Verbreitung rechnen; der Mathematiker sowohl wie der Physiker werden wertvolle Anregungen aus dieser Schrift schöpfen, für die im besten Sinne das Wort gilt: ‚Wer vieles bringt, wird manchem etwas bringen'."
(Naturwissenschaftliche Wochenschrift.)

Das Weltproblem vom Standpunkte des relativistischen Positivismus aus. Historisch-kritisch dargest. v. Prof. Dr. *J. Petzoldt* in Spandau. 4. Aufl. wie die 3. unter besonderer Berücksichtigung der Relativitätstheorie. [XII u. 224 S.] 8. 1924. (Wissenschaft und Hypothese Bd. 14.) Geb. $\mathcal{RM}$ 6.—

Vom Standpunkte des relativistischen Positivismus sucht der Verfasser auf neuen Wegen und zum Teil mit neuen Hilfsmitteln die Geschichte der Philosophie als eine sinnvolle Geschichte eines vorwissenschaftlichen, ursprünglich unvermeidlich gewesenen Irrtums des menschlichen Denkens verständlich zu machen. Außerdem gewinnt das Buch eine besondere Bedeutung, weil es Einsteins Relativitätstheorie in dem großen geschichtlichen Zusammenhange, in dem allein sie voll verstanden werden kann, aufklärt.

Verlag von B. G. Teubner in Leipzig und Berlin

Das Relativitätsprinzip. Von weil. Prof. Dr. *H. A. Lorentz*, Dr. *A. Einstein*, Prof. a. d. Univ. Berlin u. Dr. *H. Minkowski*, weil. Prof. a. d. Univ. Göttingen. Eine Sammlung v. Abhandl. mit einem Beitrag von Dr. *H. Weyl*, Prof. a. d. Univ. Göttingen u. Anmerk. von Geh. Hofrat Dr. *A. Sommerfeld*, Prof. a. d. Univ. München. Vorwort von Dr. *O. Blumenthal*, Prof. a. d. Techn. Hochsch. Aachen. 5. Aufl. 1923. [IV u. 159 S.] gr. 8. (Fortschr. der math. Wissensch., H. 2.) Geb. ℛℳ 6.—

Das Relativitätsprinzip. Drei Vorlesungen, gehalten in Teylers Stiftung zu Haarlem. Von weil. Prof. Dr. *H. A. Lorentz*, bearb. v. Dr. *W. H. Keesom*, Leiden (Holl.). [II u. 2 S.] gr. 8. 1920. (Ztschr. f. math. u. naturw. Unterr., Beiheft 1.) Geh. ℛℳ 1.40

Relativitätstheorie. Von Dr. *W. Pauli* jun., Prof. a. d. Techn. Hochschule Zürich. Sonderabdruck aus der Encyklopädie der Math. Wissenschaften. Mit einem Vorwort von Geh. Hofrat Dr. *A. Sommerfeld*, Prof. a. d. Univ. München. [IV u. 236 S.] gr. 8. 1921. Geh. ℛℳ 11.—, geb. ℛℳ 13.—

Atomtheorie des festen Zustandes. (Dynamik der Kristallgitter.) Von Dr. *M. Born*, Prof. an der Univ. Göttingen. 2. Aufl. Mit 13 Fig. i. Text u. 1 Tafel. [VI, 527—789 S.] gr. 8. 1923. (Fortschr. d. math. Wissensch. Bd. 4.) Geb. ℛℳ 13.40

Über die mathematische Erkenntnis. Von Geh.-Rat Dr. *A. Voss*, Prof. a. d. Univ. München. [VI u. 148 S.] Lex.-8. 1914. (Kultur der Gegenwart, herausg. von Prof. Dr. *P. Hinneberg*, Berlin. III, Abt. 1, Lfg. 3.) Geh. ℛℳ 4.—

Die logischen Grundlagen der exakten Wissenschaften. Von Geh. Reg.-Rat Dr. *P. Natorp*, weil. Prof. a. d. Univ. Marburg. 3. Aufl. [XX u. 416 S.] 8. 1923. (Wiss. u. Hypoth. Bd. XII.) Geb. ℛℳ 11.60

Das Wissenschaftsideal der Mathematiker. Von Prof. *P. Boutroux*. Autorisierte deutsche Ausgabe mit erläuternden Anmerkungen von Dr. *H. Pollaczek-Geiringer*, Berlin. [IV u. 253 S.] 8. 1927. (Wiss. u. Hypoth. Bd. XXVIII.) Geb. ℛℳ 11.—

Leonhardi Euleri opera omnia. Sub auspiciis societatis scientiarum naturalium helveticae edenda curaverunt *Ferdinand Rudio, Adolf Krazer, Paul Stäckel.* In 3 Serien. Jeder Band zu je etwa 60 Bogen.

Besonders sei hingewiesen auf:

Series II. Opera mechanica et astronomica. Mechanica sive motus scientia analytice exposita. Ed. *P. Stäckel.*

Vol. I. Tom I. Adiecta est Euleri effigies ad imaginem a Webero æri incisam expressa. [XVI u. 407 S. mit Fig.] 4. 1912. Kart. sfr. 42.—
Vol. II. Tom II. [VIII u. 460 S. mit Fig.] 4. 1912. Kart. sfr. 45.—

Das Wissen der Gegenwart in Mathematik und Naturwissenschaft. Von *E. Picard*, membre de l'Institut, Prof. in Paris. Autorisierte deutsche Ausgabe m. erläuternden Anmerkungen. Von Geh. Hofrat Dr. *F. Lindemann*, Prof. a. d. Univ. München und *L. Lindemann* in München. [IV u. 292 S.] 8. 1913. (Wissenschaft u. Hypothese Bd. XVI.) Geb. ℛℳ 7.—

Systematische Philosophie. (Die Kultur der Gegenwart, hrsg. von Prof. Dr. *P. Hinneberg*. Teil I, Abt. VI.) 3. Aufl., 2. Abdr. [X u. 408 S.] 4. 1924. Geb. ℛℳ 16.—, in Halbleder geb. ℛℳ 21.—

Das Grundproblem Kants. Eine krit. Untersuchung u. Einführung in die Kant-Philosophie. Von Prof. Dr. *A. Brunswig*. [VI u. 170 S.] gr. 8. 1914. Geh. ℛℳ 6.—, geb. ℛℳ 8.—

Verlag von B. G. Teubner in Leipzig und Berlin